JN017524

口絵 1　京都・嵯峨の大覚寺から見た大沢池と左奥に見える周辺の山並み．古代における都市郊外の自然体験を今に伝える（図 1.12，23 頁）．

口絵 2　憩いの場として利用されている育徳園（通称：三四郎池）．現在の東京大学本郷キャンパス内．自然体験行為が多くの人にひろがった近世に大名庭園としてつくられた（24 頁）．

口絵 3　郊外のハンノキ林に生息するチョウの一種(ミドリシジミ)．ゼフィルスと呼ばれるミドリシジミの仲間は，都心ではあまり見られない「都市忌避種」の代表例であるが，少し郊外に行けばいまだ見ることができる（50 頁）．

口絵4　東京都内の緑地で昆虫採集に興じる子供たち．こうした都市の中の緑地は「経験の消失」を防ぐ上で重要な役割をもっている（図 3.18，82 頁）．

口絵5　雨水を地中へ浸透させる緑化駐車場．照り返しが少なく，微気候の緩和にもなっている（図 4.4A，92 頁）．

口絵6　体験農園として都市住民に開かれた東京郊外の都市農地．日本の郊外住宅地にみられる特徴的な景観である（図 4.12，101 頁）．

口絵7　都市再生特別地区制度を活用して丸の内のオフィス街につくられた都市の森．民間企業が整備・管理を担う（図 5.15，140 頁）．

いずれも著者撮影

宮下 直・西廣 淳 編集

人と生態系のダイナミクス

❸ 都市生態系の歴史と未来

飯田 晶子・曽我 昌史・土屋 一彬［著］

朝倉書店

シリーズ〈人と生態系のダイナミクス〉編者

宮下　直（みやした　ただし）　東京大学 大学院農学生命科学研究科 教授
西廣　淳（にしひろ　じゅん）　国立環境研究所 気候変動適応センター 主任研究員

第3巻著者

飯田晶子（いいだ　あきこ）　東京大学 大学院工学系研究科 特任講師
曽我昌史（そが　まさし）　東京大学 大学院農学生命科学研究科 准教授
土屋一彬（つちや　かずあき）　国立環境研究所 社会システム領域 主任研究員

まえがき

人類は生物種として出現して以来，自然環境（＝生態系）からさまざまな恵みを引き出し，その利用を通して社会を発展させてきた．同時に，その営みが自然環境を顕著に改変してきたのは論をまたない．とくに，20 世紀以降の人口増加と科学技術の目覚ましい進歩は，大規模な土地改変や自然資源の過剰利用をもたらしてきた．これは自国だけでなく，貿易を通して他国への負荷も増大させている．資源の枯渇，処理しきれない廃棄物の発生，地形や土壌の不可逆な改変といった地球規模の環境問題は，人間社会の持続可能性を間違いなく低下させている．最近の地球規模での温暖化や極端な気象，それらがもたらす災害は，そうした危機にさらに拍車をかけている．

こうした中，生態系には多様な機能があり，それが社会の持続性にとって重要であるという認識が，徐々に社会に浸透し始めている．たとえば生態系の保全や持続利用に対して，国や自治体が支援するしくみが整いつつある．また生態系の価値を市場メカニズムに組み込む試みや，生態系の保全と地域活性化を連動させる試み，さらに自然が潜在的にもつ能力を防災・減災に積極的に活用する試みも散見される．これらは，人と自然の関係を再構築し，新たなフェイズに向かわせる動きととらえることができる．

だが，その動きはいまだ限定的であり先行きが不透明である．最近のマスコミ報道でも明らかなように，国や企業は，ICT（情報通信技術）や AI（人工知能）が招く新たな価値創造をめざした社会づくりを進めつつある．国際競争力を高めるためのスマート農業はその典型だろう．だが，生産性や効率のみを追い求めた過去が，予期せぬ環境問題や社会問題を引き起こしてきたことを忘れてはならない．逆説的かもしれないが，今こそ過去の歴史に学び，これからの時代に合った「価値の復権」を探ることが必要ではないだろうか．これは，現代文明を捨てて社会を昔の状態に戻そうという主張ではない．人間とその環境の関係を加害者と被害者のように単純化するのではなく，人間と環境がダイナミックに作用し合ってきた歴史の文脈で「環境問題」をとらえ，未来を創造的に議論しようという意味である.そもそも私たちは,日本の自然や社会のルーツとその変遷をどれほど知っているだろうか.自分自身の生活や社会の歴史を知ることは,文化も含めた価値の再認識につながるはずだ.先行きが不透明な時代を迎えた今,経済至上主義や短期的な利便性の追求といった価値観を超え,日本人が長年培ってきた共生思想や「もったいない」思想を生かす技術革新や制度設計,そして教育改革が,明るい未来を拓くことにつながるに違いない.

編者らが本シリーズ(全5巻)を企画した背景は上記のとおりである.本シリーズでは,人との長年のかかわり合いの中で形成されてきた五つの代表的な生態系—農地と草地,森林,河川,沿岸,都市—を取り上げ,①その成り立ちと変遷,②現状の課題,③課題解決のための取り組みと展望,を論じていく.編者や著者らの力量不足で,新たな価値の復権には至っていないかもしれないが,少なくともそのための材料提供になっているだろう.また国連が定めたSDGs(持続可能な開発目標)の達成が大きな社会目標となっている現在,人と自然の歴史的なかかわりから学ぶことは多いはずである.その意味からも,本書は示唆に富む内容を含んでいるに違いない.

本書は純粋な自然科学でも社会科学でもない,真に分野を横断した読み物として手に取っていただくとよい.著者らは,基本的に生態学や政策学の専門家であるが,今回の執筆にあたっては,専門外の内容をふんだんに盛り込み,類書にないものに仕上げたつもりである.生態学や環境学にかかわる研究者,学生はもとより,農林水産業,土木,都市計画にかかわる研究者や行政,企業,そして生物多様性の保全に関心のあるナチュラリストなど,広範な読者を想定している.単なる総説にとどまらない,かなり挑戦的な内容も含んでいるため,未熟な論考もあるかもしれないが,その点については忌憚のないご意見をいただければ幸いである.

シリーズ第3巻となる本巻では都市の生態系を取り上げる.農地・草原や森林を扱ったシリーズのほかの巻に比べて,本巻は人間活動に関する議論の占める比重が高くなっている.一般に,都市は人が社会・経済・文化活動を行うためにつくられた,人間主体的な場所である.目の当たりにする道路や建物などの人工的な要素だけでなく,公園や庭木,水辺などの自然的な要素にいたるまで,人間の嗜好や都合に即してつくられている.そのため,都市の生態系は,森林や草原，河川，干潟など，人類が出現する前から存在していた環境に成立する生態系とは異なり，ある意味で特殊な生態系である．われわれ日本人の多くは,そのような特殊な都市の生態系の中で日々暮らしているといえるだろう.

また，都市は，時代とともにダイナミックにその姿を変え続けるものでもある．都市は，その土地の気候風土のもと，常に社会・経済・文化的な内外の力に影響され続けてきた．また，昨今では都市におけるヒートアイランド効果や地球規模での気候変動の影響により，都市が拠ってたつ気候風土そのものが急速に変わりつつある．都市の生態系もまた，それらの変化に呼応して常にダイナミックに変容を続けている.

都市における人と自然との関わり合いの歴史はとても長い．第1章では，まず，都市とは何かについての定義を整理した後で，生態系の観点から都市をとらえる意義を位置付ける．そして，人と生態系の物質的なつながりの代表例として食べものを，非物質的なつながりの代表例として自然体験をとりあげて，日本の都市におけるそれぞれの歴史を紐解いていく．1300年以上にわたる都市の文化，とくに近代化を迎えるより前の都市の姿は，未来の都市で変わるべきことと変わるべきでないことを考えるためのリファレンスとなる.

一方で，人間主体的な都市の生態系の特徴を読み解く研究はまだ比較的新しく，ここ20年ほどの研究の蓄積の中で，ようやくその全体像が浮き彫りになってきた段階である．第2章から第4章にかけては，日本の都市の生態系を考える上で重要だと思われる視点や知見について，とくに生物多様性，人と自然との関わり合い，自然の恵みの3つの観点から，最新の研究も交えて紹介する．それらの中には，ほかの自然生態系ではみられない興味深い現象や性質が数多く含まれている．本書を通じて，都市における生物多様性や人と自然の関わり合いのダイナミクスの考えかたを理解していただければ幸いである.

本書でも述べていくとおり，都市の環境やそこでの私たちの暮らしも常にダイナミックに変化している．そのため，都市生態系の将来を理解・予測するためには，常に時代に合った視点や知見が求められる．「都市の変化によって都市の生態系がどのように変化していくか？」「その中で人と自然との関わりはどう変化していくか？」といった問いに今後も答え続けていく必要があるだろう.

それと同時に「生態系の観点からは都市をどう変えていくべきか？」という能動的な問いに答えていくことも求められている．第5章でふれるように，現在の都市づくりの議論では都市生態学の考えが重要なテーマの1つに据えられ，さまざまな実験的な試みが始まっている．都市の自然がもたらすさまざまな恵みを効果的に活用していくためには，都市生態学の視点が欠かせない．現在わが国は本格的な人口減少時代を迎え，これまでとは都市の自然や都市における人と自然との関わりかたが大きく変化していくだろう．また2020年には世界中の都市で新型コロナウイルス感染症が蔓延し，私たちの都市での住まいかたや働きかたなどのライフスタイルを劇的に変えつつある．この動きもまた，都市の自然や都市における人と自然との関わりかたに変化をもたらすだろう．それらの変化をより望ましいものにしていくためにも，都市づくりに都市生態学の視点や知見を還元することが必要とされている．

上で述べた2つのアプローチは相互補完的でもある．都市の生態系の変化をみつめ，そこから得られた知見を，今度は都市づくりに応用する．そうしてできた新しい時代の都市の生態系をまたみつめ……というプロセスを繰り返しながら，不確実性の高い未来を切り開いていくための力が今，必要とされている．

なお本書は3名による共著となっている．著者のうち，土屋が第1章を，曽我が第2・3章を，飯田が第4・5章をおもに執筆した上で，互いの意見をふまえて加筆・修正していった．生態学を専門とする曽我と，都市計画を専門とする飯田に，両分野に関わりをもつ土屋が加わることで，生態学と都市計画の双方の分野にとって新鮮な視点を提供することを目標として執筆に取り組んだ．これら2つの分野はいまだ交流が多いとはいえないが，両分野の融合は今後の都市生態学研究および都市計画の大きな流れとなると信じている．本書がそのきっかけとなれば，著者一同にとって望外の喜びである．

執筆にあたり，さまざまな方にお世話になった．東京大学の山崎嵩拓特任助教には草稿段階で多数のコメントをいただいたほか，コラムを一編執筆いただいた（コラム4）．本書でとりあげた各地の事例に関わられている皆様には，本書の刊行にあたって情報提供をいただいた．朝倉書店編集部には，刊行にあたって大変お世話になった．心からお礼を申し上げたい．

2020年9月

著 者 一 同

目　　次

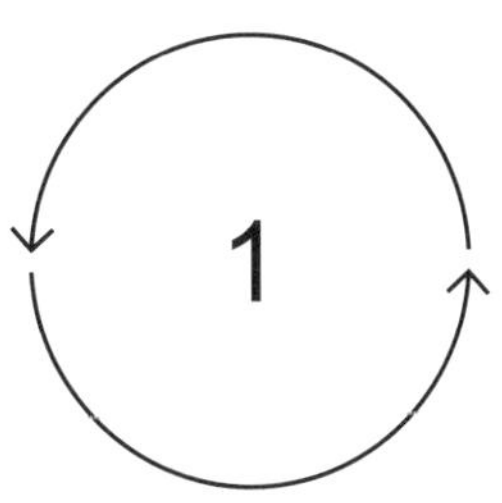

都市生態史
—都市生活と自然との関わりの 1300 年—

奈良県にある近鉄の大和西大寺(やまとさいだいじ)駅は，京都，奈良，難波(なんば)からの路線が乗りいれる賑やかな駅だ. 改札を出てから, 駅前の繁華街を抜けて東に15分ほど歩くと, ひときわ歴史風の建物が木々の向こうにあらわれる．柱や欄干(らんかん)はあざやかな朱色で, 外壁は真っ白. 屋根は青みがかった濃いグレーの瓦(かわら)葺(ぶ)きで, 角が少し反っている．てっぺんには，金色に輝く鳥の尾のようなかざりが見える．建物のまわりに目を移すと，はるか見渡す限りの青空と，広大な原っぱが広がっている(図 1.1)．通り抜ける風の中でよく目をこらすと，この原っぱは生き物にあふれていることがわかる．さまざまな種類の草花が競い合いながら共存し，季節によってはツバメが虫を追って舞っている．

図 1.1　かつて平城京であった場所の平城宮跡歴史公園.
第一次大極殿院から南の朱雀門の方面を眺める．朱雀門までは平城宮の範囲．かつては朱雀門の向こうに平城京の都市空間があった.
著者撮影.

ここは，かつて都があった平城京で，8世紀の初めから終わりまで栄えた古代の奈良の都市である．文化財としての保存と復元が進む以前の20世紀の前半までは，ここは今とは少し違う状況だった．南北東西の数kmに及ぶ平城京のほとんどは，この平城宮跡を含め，見渡す限りの田んぼが広がる景観であった．今，人々が目にする整備が広く進んだ光景となったのは，21世紀に入ってからのことである．冒頭に登場した建物は，2010年に復元されたもので，大極殿（だいごくでん）と呼ばれる．大極殿のまわりは，2018年になって，天皇の住まいであった平城宮（へいじょうきゅう）の一部が，平城宮跡歴史公園として開園した．開園後も，いくつかの建物の復元などの整備が引き続き行われている．

ここから，新たな都である京都へ人々が去ってから，すでに1200年以上の時がたつ．その間の多くの期間，この地は，うち捨てられた荒れ地か，耕された田んぼの状態で存在していた．平城京の全体像は，じつは今もって明らかにされていない．大和西大寺駅の周辺をはじめとして，ほとんどの部分は市街地や田んぼとして使い続けられており，すべての箇所が発掘されているわけではないからだ．それでも，人々は平城宮跡の地に立つと，不思議と古代の平城京からのつながりを感じることができる．復元された建物や庭園だけでなく，だだっ広く「ほとんど何もない」空間が，かつてそこに大きな都が存在したことを思い起こさせてくれる．さらによく目をこらすと，平城宮跡周辺の市街地の中にも，いろいろな場所に古代からのつながりがみえてくる．たとえば，南北や東西に市街地を貫く道路は，古代の条坊制（じょうぼうせい）の名残だ（宮城 2008）．1300年前にも，平城京の人々がほとんど同じ道を歩きながら，周辺の山々を望み，高く広がる青空と雲を眺め，職場に向かったり，家路に急いだりしていたのだろう．そうした日常の風景は，大和西大寺駅から通勤をする現代人にもつながるところがある．

本書は，都市についての本である．のちに説明するように，本章では，「5万人以上の人口をもつひとまとまりの居住地」を都市と定義している．この定義に基づくと，平城京は，発掘や資料によって人口規模が推定されている中で最古の日本の都市である．つまり，日本の都市における1300年以上に及ぶ人と生態系のダイナミクスは，ここから始まったのだ．そこでは，長い時間を経て起きた幾多の変化だけでなく，遠い過去にも自然があり都市生活者がいたという

「継承」を感じとることができる．はるかな時の流れに目を向けるとき，われわれはこう思いをはせる――歴史上の都市と現代の都市とで，人と自然の関係の何が変わり，何が変わらなかったのだろうか？　未来の都市では，現代の都市と比べて，人と自然の関係は，どう変わり，いかに変わらないのだろうか？

第1章は歴史の章である．都市における人と自然の歴史を知ることで，変化の激しいと思われる都市でも，じつは長い年月にわたって同じように継続されてきた自然との関わりがあったことが理解できる．現代的な都市の特徴と思われるようなことが，古代の都市でもすでに存在していたこともみえてくる．日本の都市は過去1300年にわたって，途切れることなく続いてきた．ここまで長く続いた都市文明をもっている国は，世界でもそう多くはない．日本の都市における人と自然の関わりの歴史を知ることは，世界の都市の持続可能性を考える上でも，多くの示唆をもたらすと期待している．

1.1　都市の歴史へのまなざし

(1)　都市とは何か

世界人口に都市人口が占める割合が5割を超えたというニュースが，2007年にあった．これは，国連が統計をとり始めてから初めてのことだ．人類が誕生してからも初めてのことだろう．都市人口の割合は今後も増え続け，2050年には，世界人口の7割近くになると予測されている（図1.2）．1950年には，この割合が3割に満たなかった．われわれは，人類史の中で，それまでとまったく異なるペースで都市化が進んだ時代に生きている．

それでは，都市とはなんだろうか．この問いに厳密に答えることは，思いのほか難しい．統一された「都市」の定義が存在しないからだ．上記の都市人口5割という計算は，国連のデータベース World Urban Prospects がもとになっている．都市人口とは都市に居住する人口で，各国の人口統計での定義はまちまちだ．大別すると，人口数と人口密度の2つが定義のベースになっている．

人口数による定義は，「○人以上」で決めるやりかただ．人口を数える単位には，基礎自治体が用いられることが多い．日本が国連に提出している都市人

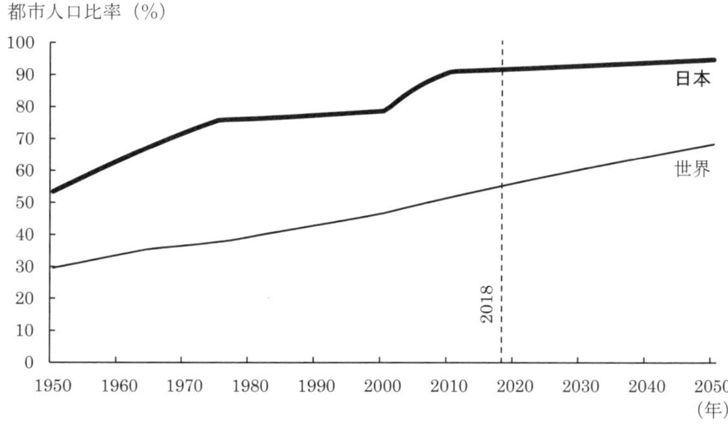

図1.2　世界人口および日本国内人口に占める都市人口の割合.
細い線は世界人口に占める都市人口, 太い線は日本国内人口に占める都市人口（人口数に基づく定義）. 2018年までは実測値で以降は予測値.
国連『World Urban Prospects: The 2018 Revision』を改変.

口数は，市町村の「市」に居住している人口のことだ．地方自治法は，市を原則5万人以上の自治体と定めている．つまり，日本では「5万人以上」が都市の1つの定義となっている．この定義によると，日本の都市人口の比率は9割以上となる（図1.2）．

人口密度を使った定義は，人口数に面積の考えを追加したものだ．「○人以上」と「○人/ha以上」の組み合わせで決める．日本では，人口集中地区（DID：densely inhabited district）をよく用いる．人口集中地区の基準は，人口数5000人以上，かつ人口密度4000人/km^{2}以上である．普通は，町丁目が集計の単位になっている．人口集中地区に住む人は総人口の約7割を占めている．

人口数や人口密度の数値基準には，国による文化的背景の違いもあって，絶対的なものは存在しない．著者の知る限り，日本ほど都市人口の基準値が高い国は世界にもほとんどない．たとえばアメリカでは，「都市（city）」を人口数2500人以上，かつ人口密度386人/km^{2}以上としている（土屋 2009）．イギリス，ドイツ，フランス，イタリアといった国々の都市の定義も，日本の数分の1の人口数や人口密度を基準としている．欧州委員会（EC：European Commission）が中心となって2014年に提案した都市の国際的統一基準では，人口数

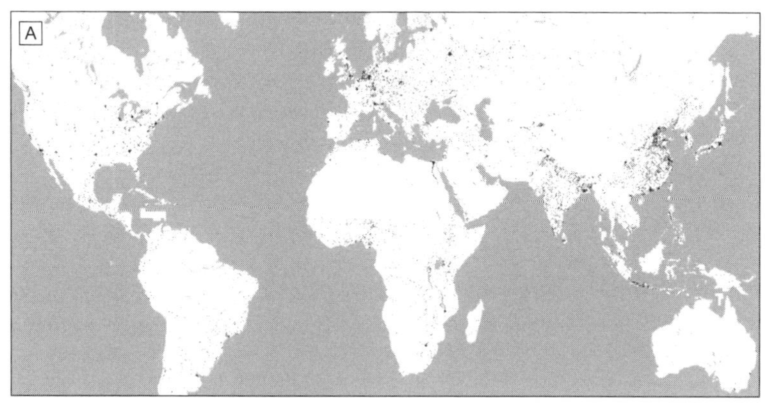

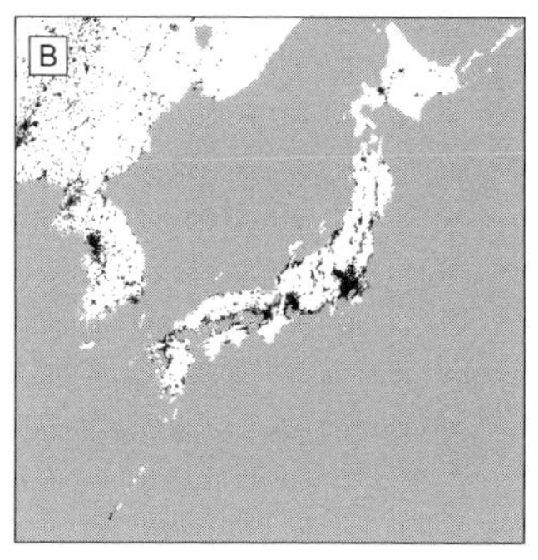

図 1.3　欧州委員会（EC：European Commission）が中心となって 2014 年に提案した都市の国際的統一基準による，2015 年時点での世界の一部（A）と日本付近（B）の都市の範囲．
黒が都市域を示す．
GHS-SMOD のデータを改変．

5000 人以上，かつ人口密度 300 人/km^2 以上を用いている（図 1.3）．こうした西欧の基準を日本にあてはめると，ほぼ全人口が都市人口になってしまう．日本の都市人口の基準値が高い理由として，居住に適した平野が少なく，米を中心とした農業の人口支持力が高いために，都市化以前からそもそも人口密度が高いことなどが考えられる．ちなみに，隣の韓国も日本と同じ人口数 5 万人という基準を使っており，その人口密度は日本よりも高い．

人口数のみを用いる方法と人口密度を追加する方法を比べた際，どちらが都市の定義としてよいかは場合によって異なる．概して人口密度を用いると情報量が増えるため，より厳密に「都市」を議論できる．道路などのインフラ整備のありかたは，同じ人口数でも密度によって大きく異なるからだ．しかし，密度は過去にさかのぼって同じ基準を適用することが難しい．地理的に詳細で正確な人口統計が存在するのは，人類の歴史の中でごく最近だからである．日本で厳密な調査が始まったのは20世紀に入ってからで，それ以前の詳細で正確な人口統計は，ほとんど存在しない（都市生態学における人口密度の利用については，斎藤ほか（2018）を参照）.

一方，人口数のみを用いる都市の定義は，過去の長い期間にわたって適用可能という利点がある．人口数も，ある程度の地理的な範囲を想定しているが，古い時代の都市は，現代の自治体のように明確な境界をもっていないことが多い．さらに日本では，都市周辺の農村に居住する人口密度もある程度の高さになる．しかし，そうした周辺の人口については正確な記録がほとんど残っていない．これらの理由から，人口密度の計算の根拠となる地理的な範囲を明確に決定することは，古い時代では困難である.

以上の背景から，本章では以下の都市の定義を採用する．「都市とは，5万人以上の人口をもつひとまとまりの居住地である.」歴史上の都市と比較するために，近代以降に登場した市町村ではなく，「ひとまとまり」というゆるやかな基準で都市を定義した．5万人という数字は，現代の日本における都市の人口数の基準を使用した．この定義によって，歴史上で都市に該当した居住地をおおよそ峻別することができ，歴史上の都市と現代の都市を，さまざまな側面から比較することが可能になる.

(2)　歴史上の日本の都市たち

日本列島では，各時代にいくつの都市が存在したのだろうか．「5万人以上の人口をもつひとまとまりの居住地」として最初のものは，先にも述べたように，8世紀初頭の平城京である（図1.4)．かつてない規模となった人口を構成した人の中には，畿内（きない）の別の地域から移ってきた人に加えて，より遠くから移住してきた人もいたようだ．こうした遠方の人々は，権力者によって強制的に平城京に集められたこともあった．大陸の脅威への対抗などを理由として律令制が本格化し，中央集権の中心をなす居住地が巨大化し，都市が誕生した．人々は，都市がもつ豊かさを享受したいという理由だけではなく，生き残るという切実な理由のために都市に集まり，集められた．こうした「生存」の発想は，その後，古代から中世にかけての長い期間，都市が形成される重要な理由となった.

その後，平城京は衰退し，794年に都は平安京に移った．そこから12世紀末までは，ほかの都市は登場していない．平安京は，その後1200年以上にわたって都市であり続け，現代にまで続く都となり，京都と呼ばれるようになった．なお，平城京の前後には近畿地方で遷都が繰り返されており，平城京や平安京以外の場所でも5万人以上の居住地が短期的に成立していた可能性はある．そうした都市を含めたとしても，最初の都市の誕生から450年以上の期間，日本列島にはたった1つしか都市が存在しなかったのである（図1.4）．

12世紀ごろになると，世界遺産にもなった平泉（ひらいずみ）が栄えるが，人口数についての根拠のはっきりした推定は行われていないようだ．根拠が明確な都市が登場するのは，12世紀末の鎌倉である．ここで，初めて複数の都市が存在することになった．丘陵と海に囲まれた鎌倉にも，「生存」の発想がみてとれる．その後，鎌倉は14世紀前半に衰退し，人口が5万人を下回ったことで，再び平安京のみが都市である状況に戻った．その後，日本列島に複数の都市が存在するようになった時期は定かではない．少なくとも16世紀に入ったころまでは，京都以外の都市は存在しなかったようだ．そうすると，8世紀初頭からの800年以上という長い期間にわたって，日本列島に同時に成立した都市は1つか2

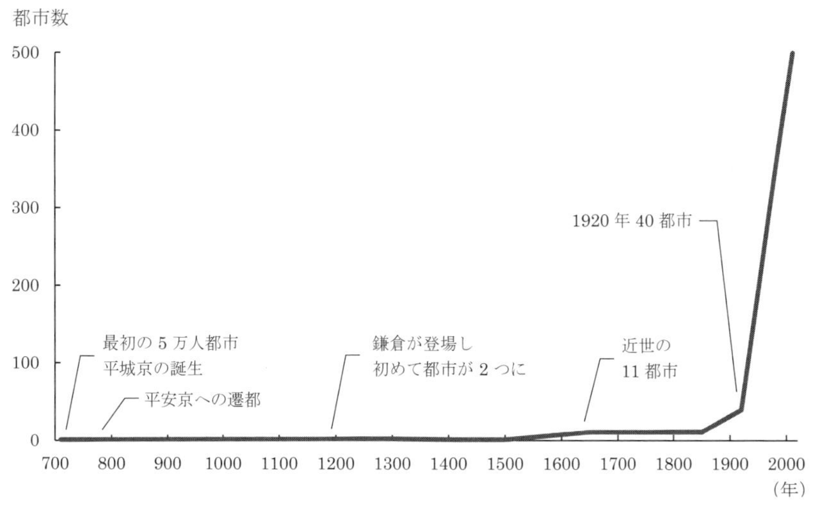

図1.4　日本列島における都市数の歴史的変化．
1800年代までは人口集積地の推定人口，1900年代以降は国勢調査における基礎自治体ごとの人口数から作成．

つのみであった（図1.4）．これらの都市のうち，8世紀の平城京の人口は，鬼頭（2000）が鎌田元一氏の推定に基づいて7万4千人としている．13世紀の鎌倉の人口は，5万人から10万人とされている（河野 2007）．平安京から現代の京都にいたるまでの人口は，時代ごとに増減があったものの，おおよそ12万人であった（鬼頭 2000）．

16世紀から17世紀前半になると，ようやく都市の数が増加し始める．これは，室町時代後半のいわゆる戦国時代から，織田信長，豊臣秀吉，徳川幕府の登場の時期にあたる．各地の大名や商人が力をつけ，江戸をはじめとする城下町都市や，堺などの商業都市に人が集まった．斎藤（1984）によれば，江戸時代の17世紀初頭から19世紀中ごろまでの間に，江戸（東京），仙台，金沢，名古屋，京都，大阪，堺，和歌山，福岡，鹿児島の9つの居住地が人口5万人を超えた．さらに，江戸時代が終わってすぐの1875年の人口を記した『共武政表（きょうぶせいひょう）』で人口5万人を超えていた広島と和歌山の2つも，斎藤（1984）の推計対象外ではあったが，江戸時代の間にすでに都市とみなせる規模になっていたであろう．これらをあわせて，近世に成立した都市の数は合計11と推定される．都市はこうして全国各地に分布するようになり，その数が増加した．しかし，人口全体からみると，都市人口は依然として小さな割合であった．上記の11都市の人口の合計値は300万人に届かず，総人口に対する割合は1割前後であったようだ．つまり，都市の登場から1150年以上にわたって，都市は「一部の人が住む場所」にすぎなかった（図1.4）．

19世紀後半以降になると，都市の数は急激に変化する．明治維新を経て50年ほどたった1920年には，一気に40都市に増加した（図1.4）．ここで新しく登場した都市の多くは，交易のための港町に建設されたものだ．北海道の函館，小樽，室蘭，関東地方の横浜，横須賀，関西地方の神戸，中国地方の呉，下関，九州地方の長崎，北九州，佐世保などが新しく建設され，都市となった．海洋交通の要所であった関門海峡周辺には，下関，門司（もじ），八幡（やはた）が発展した．北海道には，開拓のための都市群が建設され，札幌，旭川，夕張が登場した．19世紀後半以降は，都市の数えかたも変わる．それまでは文献や発掘の史料に基づいていたものが，国による自治体ごとの人口調査に基づいたものになった．1920年は，今日まで続く日本の人口統計である国勢調査が初めて行われた年である．

その後，都市数の増加はいっそう進み，わずか20年ほど後の1940年には，100を突破した．高度経済成長時代の1970年には，人口5万人以上の自治体の数は300を超え，21世紀前半では，500を超えている．この期間には，都市数だけでなく，都市人口の総人口に占める割合も激増している．1950年に日本の都市人口は50%を少し超える程度であったが，1970年には70%を超え，2010年以降は90%を超えている（図1.2）．市域（都市の広さ）が国土に占める面積の割合も，同じ時期に5%から50%以上に増加した．このように，近代化以降の150年ほどの間に日本列島は全面的に都市化し，都市は「一部の人が住む場所」から「ほとんどすべての人が住む場所」となった．

都市という言葉で通常思い浮かぶのは，近代化以降の150年間の都市の姿だろう．高層ビル群，発達した高速道路網，ネオンの明かりで象徴される風景だ．だが，それよりはるかに長い1150年もの期間，「一部の人が住む場所」である都市が日本列島には存在していた．そこには，ビルも，高速道路も，ネオンも存在しなかった．現在の都市だけでなく，こうした歴史上の都市の姿を理解することは，未来の都市に対する視野を広げるために有効であろう．近代化以前の都市と現在の都市がまったく違うものであるならば，未来の都市も，現在の都市と根本的に異なるものになる可能性があるからだ．

(3)　生態系から都市を理解する

19世紀以降の都市を理解する視点で代表的なものは，工業の観点であろう．蒸気機関に始まるエネルギー技術の発展を契機に，鉄やガラスやセメントといった材料が普及し，輸送網が広がり，近代化が進み，現代の都市がつくられた．工場はさまざまな製品を生産し，人はそれらを大量に消費するようになった．一方で，こうした事象は近代化以前の都市にはほとんどみられなかった．日本で蒸気機関車や自動車が走ったのも，発電所が動いたのも，本格的な工場である富岡製糸場が操業開始したのも，19世紀後半である．古代からの都市の歴史全体を理解するには，工業とは異なる視点が必要になる．

生態系の観点は，工業の観点の限界を超えるための手助けとなりうる．都市と生態系は遠い概念のように聞こえるかもしれない．しかし，実際には，あらゆる都市生活は食べものや自然体験などによって生態系とつながっている．工

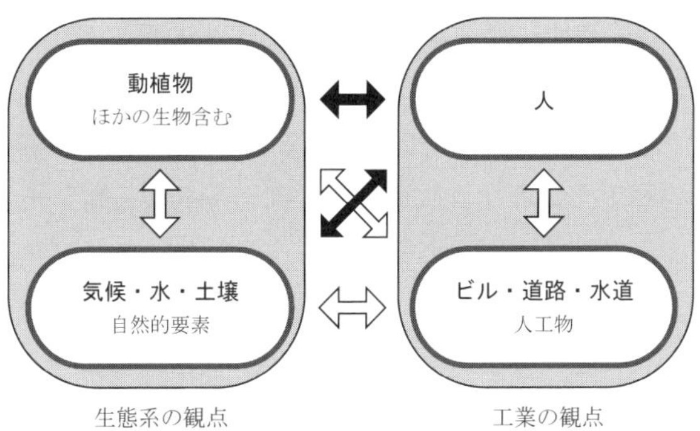

図1.5　都市における工業と生態系の観点.
工業の観点は人と人工物の関わりを重視してきた一方で,生態系の観点は動植物などの生物と気候などの自然的要素を重視している. 黒矢印は人と生態系の関係を, 白矢印はそのほかの関係性を示す.

業が発展していなかった近代化以前は, 都市生活と生態系の直接的な関わりが深かった. 生態系の観点とは, ひとことでいえば, 世界を生物と環境の関係から理解するということだ(図1.5). 生物には, 人と動植物が含まれる. 環境とは, 対象生物と関わりをもつ外界の総体である. 人にとっては動植物が環境であり, 動植物にとっては人が環境である. 人にとっての環境としては, ほかに, 気候, 水, 土壌などの自然的要素がある. これらの自然的要素に動植物を合わせたものが, 一般に使われる「生態系」の概念に近い. 人にとっての環境には, ほかにもビル, 道路, 水道などの人工物がある. 人工物からなる環境と人との関係は, 工業の観点から重視されてきたが, 人工物と生態系も相互に影響しあっている. 近代化以前と以後の都市の違いは, おおまかには, 環境の中で人工物の役割のはたす大小の違いと理解できる.

人と生態系の関わりには, 物質的な面と非物質的な面がある. 物質的な関わりの代表格は, 食べものであろう. 雑食性の生物である人は, 環境から多様な動植物を入手し, 食べている. また食べたものは消化され, 排泄され, 環境へと戻っていく. 一方で, 非物質的な関わりの代表例は, 自然を体験する行為である. 人は視覚や聴覚を使い, 高度に発達した認知能力を駆使して, 非物質的に生態系と関わりをもっている. こうした物質的, 非物質的な生態系との関わりは，都市とほかの居住地では大きく異なっている．物質的な面では，都市では食べられ，排泄される物質の量が多い．非物質的な面では，意図的に自然とふれあいをもつ行動は，自然がふんだんにあるほかの居住地では稀な，都市ならではの特徴である．

(4)　歴史の記述が目指すもの

この第1章では，都市生態系の歴史を以下の3つの視点で語っていく．①都市として「5万人以上の人口をもつひとまとまりの居住地」を対象とし，8世紀の平城京を最初の都市とする．②近代化以降の都市と，近代化以前の都市で変化したところだけでなく，変わらない点にも目を向ける．近代化以前とは，古代から中世を経て近世にいたる期間をさす．そして，③都市を特徴付ける，生態系との物質的・非物質的な関わりに着目する．なかでも，物質的な関わりの代表である食べものと，非物質的な関わりとしての自然体験の観点を重視している．すでに，庭園史や造園史の分野では，生態系の観点から都市の歴史をみてきた資料もある．代表例には，『日本庭園の植栽史』（飛田 2002）などがある．本書における歴史の記述は，こうした庭園史や造園史を，「都市生態史」とでもいうべきものに拡張し，より広範な人と生態系のダイナミクスの記述を目指している．なお，都市生態史の先駆的な例として品田穣氏が1974年に著した『都市の自然史』がある．本章は新しい学術的知見をまとめることで，先人の議論を発展させることも目標としている．

1.2　食べものからみた都市と生態系の歴史

(1)　古代から近世にかけての都市と食べもの

都市はモノであふれている．さまざまなモノの中で，都市住民の生存に不可欠となるのは，いわゆる衣食住に関係するモノである．このうち，食べものは毎日新たに消費されるので，長期的にみると，衣や住に比べて人の生存に必要な総量が多くなる．都市の物質の流れ（マテリアルフロー）をめぐる先駆的な研究（半谷ほか 1980）によると，世帯が消費する物質の70%を食べものが占めていた．これは20世紀後半の推計値であるが，より古い時代であっても，人の利用する物質の多くを食べものが占めていたことは変わらなかっただろう．多くの食べものは動植物を原材料としており，生産から廃棄までのステップは生態系のありかたと結びついていて，人と生態系のつながりの理解にとって重要である．ここでは，古代からの時代順に，食べものからみた都市と生態系の歴史を追っていく．

古代から中世の人々は，何を食べていたのだろうか．そして，食べ物はどこで生産されていたのだろうか．平城京跡から出土した木簡には，さまざまな食べ物が記録されている．そこからうかがえるのは，食事の中心は現代と変わらず米であったということだ（馬場 2010）．仮に1人の年間消費分に必要な面積を現代の1反とすると，平城京ではおよそ8.6 km四方の水田が必要であった．これは，平城京の面積のおよそ4倍にあたる．実際には1人1反よりも大きな面積を必要とした可能性があるが，それを考慮しても，平城京の必要水田面積は東西15 km，南北30 kmの奈良盆地内に収まる．平安京の人口が必要とする水田面積も，同様に推定すると，京都盆地の面積に収まるものであった．ただし，生産に必要な労働を考えれば，都市住民の消費のためだけに水田を利用することはできないので，実際の都市での消費は，各地の農家から租(そ)や庸米(ようまい)などによって米を少しずつ集めることでまかなわれていた．

平城京や平安京の人々は，米に加えて，畑作物・水産物をおもに食べていた．このうち畑作物には豆・小麦・野菜が含まれていた（馬場 2010）．野菜は生と漬物の両方があったようだ．運搬にかかるコストや日もちから考えると，畑作物のほとんどは都市近郊で生産されていたと考えて間違いない．他方で，海藻やサバなどの水産物も，量は多くないものの，たびたび食卓に登場した．イワシを出汁に使うこともあった．これら水産物の大部分は，遠方の港から，はるばる運ばれてきた．現在の大阪湾や若狭湾で水揚げされ，平城京や平安京に運ばれたものが多かったようだ．なお，その後の13世紀に栄えた鎌倉は，海に直接面しているために，消費される海魚も多様になったと想像される．鎌倉の海岸である由比ヶ浜(ゆいがはま)での発掘調査によれば，小型の魚だけでなく，大型のサメ類，マグロ類，カジキ類，カツオ類が見つかっている（廣瀬 2018）．

17世紀からの近世においても，米・畑作物・水産物を中心とした食生活に

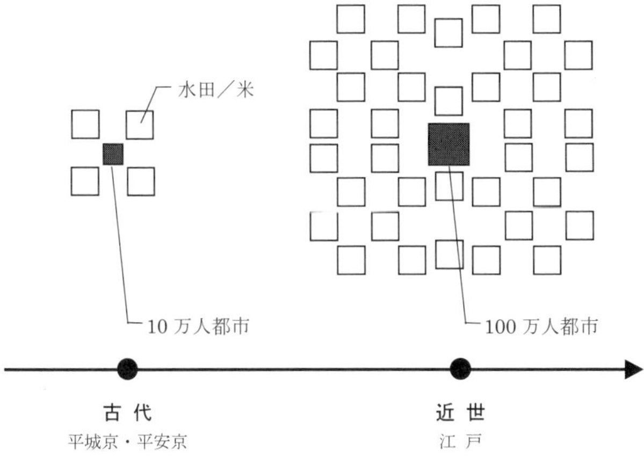

図 1.6 古代から近世にかけての都市と食べものの関係.
黒い四角は都市の面積を，白い四角は都市に必要な米の生産のための水田の面積を，それぞれ模式的に示している．近世になって都市の規模が拡大し，それを支えるために必要な水田の面積と都市からの距離も大きくなった.

大きな変化はみられなかった．畑作物や水産物については，農業や漁業の技術が発達したことで，バラエティが増した．畑作物は都市の近くから供給されるため，各地に都市が誕生した近世では，それぞれの土地で異なった野菜の品種が普及した．コマツナなどの江戸の野菜は，この時期に形成された食文化を代表する野菜である．水産物については，湾に面した都市である江戸や大阪を中心に，カツオ，タイ，サバ，マグロ，コハダ，マアナゴ，スズキ，マハゼ，アサリ，シバエビ，シャコ，ウナギ，ヒラメなど多様な種が食べられるようになった（芝 2012)．一方，内陸に立地する京都では，コイ，ドジョウ，マスなどの淡水魚が水産物の多くを占めていた（岩本 2019).

古代から近世にかけての都市と食べものの関係を模式的に示すと，図 1.6 のようになる．古代から中世の都市は 10 万人前後の人口であった．これは，当時の総人口の 5％未満である．数十万のサイズにまで大きくならなかった理由の 1 つには，主要なエネルギー源である米の生産が支えることのできる都市のサイズに限界があったことが考えられる．古代から中世は，関東より先の東日本は開拓が進んでおらず，米が供給される範囲が限られていた．生態系の観点からすれば，生物の個体群のサイズは，利用可能な資源量によって規定される．都市人口についても，同じ観点が適用できるだろう．17世紀になると，東日本を中心に水田の開拓が進んだことに伴って，都市人口が増大した．京都と大阪はそれぞれ最大で40万人ほどの人口となり，江戸にはさらに多い100万人の都市住民が暮らした．ただし，その後19世紀にかけては人口増加が停滞している．100万人というのが，近代化以前の日本において，米の生産が支えることのできる都市のサイズの限界であったようだ．

(2) 近代化以降の都市と食べもの

近代化のもとで，都市の数と規模も大きくなっていった．1920年の時点で，東京市の人口は，200万人を超えていた．周辺の町と合併することで，東京市は1940年には670万人以上の人口を抱えた．都市の規模が拡大された背景として，近代化以前と同様に米の生産量が増大したことが挙げられる．水田の開

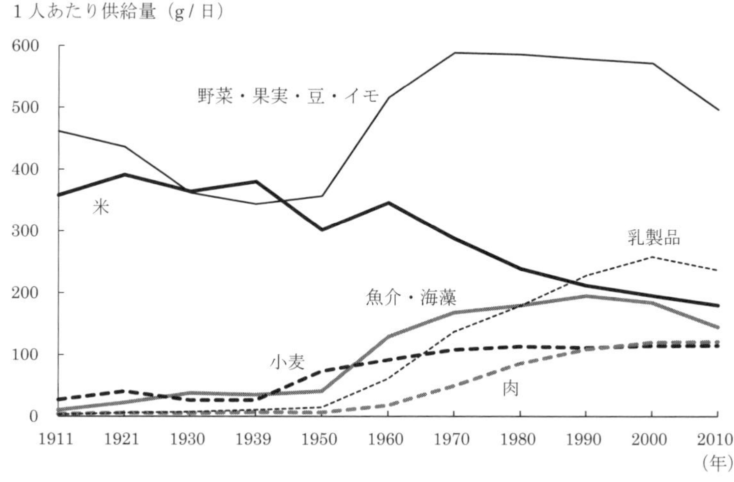

図1.7　20世紀以降の日本の食生活の変化．
およそ10年おきの品目別の1日・1人あたり供給量グラム数の変動を示す．1911年，1921年はそれぞれ1911～1915年，1921～1925年の5年間の平均の数値．
食料需給表および食料需要に関する基礎統計の1人・1日あたり供給粗食料をもとに作成．

拓がさらに進み，面積あたりの収量も増加した．19世紀から20世紀中盤にかけて，日本の米の収穫量はおよそ2倍に増加している．もう1つの背景として，近代には労働力が農業から工業へ移転されたことが挙げられる．農業の生産性が増大するとともに，工場に大量の労働者が求められるようになり，多くの人が都市に流入した．生態系のエネルギー循環の観点からは，近代化によって，石炭などの新しいエネルギー源や，エネルギー利用の効率化の技術が普及したことで，都市に住む人が消費可能なエネルギーが増大したとみることができる．

都市の数と規模は増加していったが，1940年代までは，米，畑作物，水産物を中心とした食生活は変わらなかった（図1.7）．近代化以降，肉食も徐々に普及していったが，ほかの食品に比べると消費される量は少なかった．1950年代に入ると，1人あたりの米の消費量が減少を始める．代わりに，エネルギー源として，小麦，乳製品，肉類，水産物の消費量の増加が始まる．1960年には東京市の人口は800万人を超え，隣接する川崎市，横浜市も含めた人口は1000万人以上となった．この時代になると，もはや，日本列島の米の供給エネルギーが都市の人口を規定するという関係は，ほとんど成り立たなくなった．化石燃料を利用すれば，世界各地から人のエネルギー源である食べものを都市に運ぶことができる．21世紀初頭では，米から得ている1人あたりのエネルギーは，

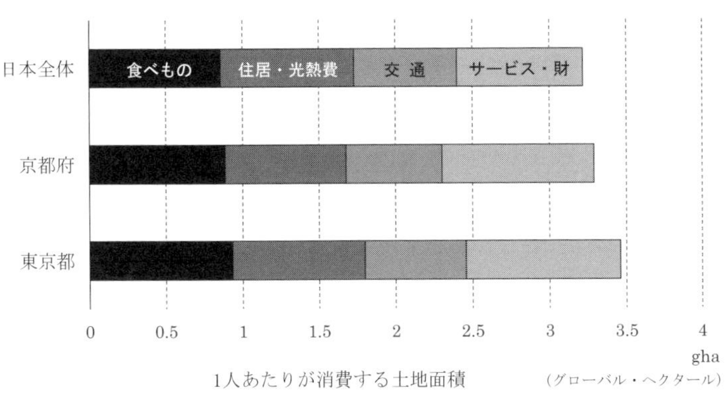

図1.8　エコロジカル・フットプリントの家計消費部門に占める消費分類ごとの割合．日本全体，京都府，東京都の値を示す．
WWFジャパンの『「環境と向き合うまちづくり」―日本のエコロジカル・フットプリント2019―』より改変．

20世紀初頭の半分ほどに減ってしまった．つまり，近代化以前は日本列島での米の生産が都市人口の大きさに影響していた時代であり，近代化以降はそうした制限がなくなっていった時代といえるだろう．

現代の都市における食べものの消費は，遠くの土地や海域での生産と結びついている．農業生産の増大のための集約化や規模拡大は，農地をとりまく生態系に影響を与え，漁獲量の増大は，水域の生態系に影響を与える．人間活動による資源の利用を土地面積で換算するエコロジカル・フットプリントの報告書（WWFジャパン 2019）によれば，東京都や京都府の家計が消費する土地面積のうち，食べものは27%を占めている（図1.8）．この土地面積は，地域ごとの資源生産能力を勘案したグローバル・ヘクタール（gha）という単位で算出されるもので，耕作地だけでなく放牧地や水面などの面積も含まれる．仮に世界のすべての人々が現代の日本の人々と同じエコロジカル・フットプリントを消費すると，地球のキャパシティを超えてしまうとされるが，食べものの消費もそうした環境負荷の大きな要因となっている．一方で，現代において都市で食べものを消費することは，生態系に負荷を与えているだけではない．たとえば，水田を生息場所とする生き物に配慮して生産された米を消費することで，生態系の持続的な保全に貢献できる可能性がある．平城京の時代から，都市住民は遠方で生産された食べものに依存してきたが，将来，都市住民がどこ由来の何を食べるかは，人と生態系の関係に引き続き大きな影響を与えるだろう．

(3)　古代から近世にかけての都市と屎尿

生態系は，物質が多量に流入し続けると，循環のバランスが崩れてしまう．それは都市でも同じことである．米をはじめとする食べものは遠方からも持ち込まれるため，都市にとどまる物質量は増えていく．食べものは食べられて終わりではなく，消化され，排泄されて屎尿（しにょう）になる．

古代の都市での屎尿処理の実際については，不明なことも多い．想像されるのは，水洗トイレのように，河川水を引き込んだ水路に屎尿を流すしくみだ．ただし，この方法では水が少ない時期には屎尿がうまく流れず，都市内に残ってしまう．平城京があった奈良盆地北部では，水源となる山々の範囲も限られており，河川も小規模である．河川から水路に水を引き込んでも，その量は多くない．実際に，平城京跡の発掘調査で見つかる側溝の多くは，常に水が流れていたわけではなかった（近江 2015）．水が少ないところに 10 万人分もの量の屎尿が日々集まれば，これはもう想像を絶する．屎尿には，においだけではなく，感染症を媒介する危険性もある．屎尿処理の不徹底は，いわば生態系としての機能不全である．生態系の観点から都市としてうまく機能しなかったことが，平城京が 70 年ほどの短命に終わった 1 つの理由なのかもしれない．平城京は，生態学的にサステイナブル（持続可能）ではなかったといえるかもしれない．その後に栄えた平安京は，8 世紀末に成立して以降，今日まで都市（京都）として持続している．平安京のすぐそばに鴨川が流れており，北山の広大な範囲から集まった水が，屎尿をはじめとするさまざまなものを都市の外へ押し流す役割を果たした．平城京に比べれば，衛生状況が保たれやすかったであろう．

屎尿の問題は，中世の鎌倉で再び顕著になった．その理由としては，鎌倉では平地の面積が小さく，人口密度が高かったことが挙げられる．平城京と平安京は，東西と南北それぞれ 5 km 前後の範囲に，比較的余裕をもって人が集まっていた．それに対して，鎌倉は鶴岡八幡宮から由比ヶ浜まで 2 km，谷幅が海の近くで 2 km ほどという，三角形の範囲にすぎない．屎尿についても，5 ～ 10 万人分の量が鎌倉の中に蓄積していったはずだ．発掘調査によれば，溝のあった部分から寄生虫卵が検出されており，いたるところがトイレとして利用されていたことがうかがえる（河野 2007）．さらに，溝には食べものの残渣や動物の死体が捨てられていたことも発掘調査から明らかになっており，ごみ捨て場となっていたようだ．雨が流れ込む流域の範囲も決して大きくはないことから，雨の少ない時期には水量が十分ではなかったと推測される．鎌倉が都市として衰退したのは，幕府が滅亡したという政治的な理由が大きい．しかし，仮に室町時代以降も都市として継続していたとしても，屎尿の問題が深刻化し，都市を移動させる必要に迫られていたかもしれない．

江戸，京都，大阪などの近世の都市では，屎尿を肥料とするシステムが発達した（Tajima 2007）．屎尿が回収され，近郊農家によって肥料として利用されるシステムで，循環型社会のモデルとしてもたびたび言及される．農地の肥料需要の高まりで屎尿が利活用された結果，都市に留まる屎尿が減少した．石高で領地を表現していたことが象徴するように，食料は近世の社会経済の柱であり，生産増大が常に求められた．都市の歴史の観点からは，屎尿利用による食料生産増大が結果的に大きな都市の成立を可能にさせたともいえる．江戸，京都，大阪といった近世都市は，「屎尿が支える都市」であった．

(4) 近代化以降の屎尿と厨芥

近代に入った19世紀末の時点では，近世と大きく変わらない有機物の循環システムが使われていた（川島 2006）．都市の屎尿は引き続き近郊の農地で肥料として利用され，そこで生産された野菜をはじめとする食べものが，都市の中へ運ばれてきていた．しかし，20世紀に入って，都市から排出される屎尿をめぐる状況が大きく変わりはじめた．たとえば東京では，1910年代ごろには，屎尿処理が滞りはじめ（星野 2008），汲み取り業者に有料で引き取ってもらう必要が生じた．1930年代になると，東京のほとんどの地域で有料化が進んだ．屎尿処理の有料化は，京都，大阪，名古屋や，誕生したばかりの都市である横浜や神戸でも実施された（遠城 2004）．わずか数十年の間に，近郊農家がお金を払って買い取るしくみから，都市住民がお金を払って処理してもらうしくみへの大転換があった．100万人以上の人口を抱える江戸でも維持されてきたシステムが，なぜ変化したのだろうか．

大都市で短期間に屎尿処理の転換が起きた理由の1つは，化学肥料の生産や輸入が始まったからである．作物生産や衛生面で優れた点をもつ代替の肥料が登場したことで，屎尿の価値は低下していった．もう1つの理由は，近代化以降の都市人口の増大である（図1.4）．とくに近代のはじめにおいては，人口増加は，市街地の範囲の拡大ではなく，既存市街地の密度の増加によって達成された．増えすぎた屎尿の発生量は近郊農地の需要を超え，屎尿の余剰が出るようになったと考えられる．屎尿利用システムは近世の都市人口と農地面積の均衡で成立していたため，どちらか片方のみが大きく変わると，システムとして持続的でなくなる．屎尿の農地利用は，その後1960年代ごろにはほぼ行われなくなった．大量の屎尿が河川などに捨てられることになり，衛生面で大きな問題となった．そのため，1960年代ごろから，多くの都市自治体が下水道の整備を急速に拡大させていった．

都市に流れ込む膨大な量の食べものは，屎尿だけでなく，厨芥（ちゅうかい）（廃棄された

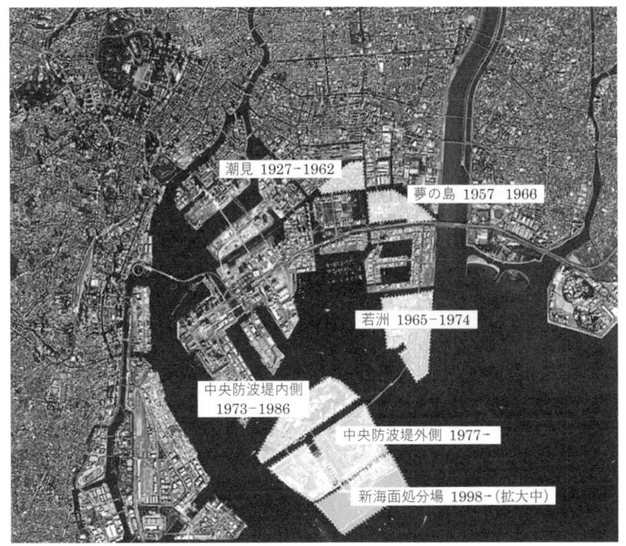

図 1.9　東京湾臨海部における廃棄物による埋め立て場所とその時期.
このほかに羽田空港の一部も埋め立て地を利用している．新海面処分場は南東方向に拡大が予定されている.
背景は Landsat 衛星画像.

食材）ももたらした．20 世紀に入り，それまでの野焼き処理が煙や粉じんの問題のため実施困難になったことで，厨芥をどう処理するかという問題が深刻化していった．焼却場が多く建設されたが，そこでも処理しきれない分は，埋め立てて処分されることになった．東京では，1927 年に，臨海部の潮見地区の埋め立てへの厨芥をはじめとする廃棄物の大規模な利用が始まった（図 1.9)．1950 年代からは，夢の島，若洲（わかす），中央防波堤，新海面（しんかいめん）処分場と埋め立て地が広がっていった．現在，可燃ごみの多くは燃やして灰にしてから埋め立てているが，埋め立て可能な海洋面の範囲には限界がある．東京湾では，現在利用されている新海面処分場の次のスペースは存在しないと考えられている．いつの時代も，都市から出ていくモノの問題は，対症療法的に解決が進められてきた．未来に向けて求められているのは，そもそも「いかに都市におけるモノの流れをめぐる問題を発生させないか」という予防的な取り組みであるといえるだろう.

(5)　食べものをめぐる歴史が示すこと

これまで述べたように，現代では，遠隔地での食べものの生産に伴う環境負荷や，都市から排出される屎尿や厨芥の処理が問題となっている．長い歴史を通じて，都市は常に遠隔地から食べものを持ち込んだり屎尿を周辺部に持ち出したりしてきた．遠隔地や周辺部との物質的つながり自体を止めることは今後も困難であろう．他方で，食べものの生産地や屎尿の行く先とのつながりは，時代が進むにつれて複雑かつ遠くになり，都市居住者から見えにくくなった．人は見えにくいものを問題として認識することがそもそも難しい．問題解決のためには，物質的つながりの現状への認識を，少しずつでも促していくことが重要だ．たとえば，農園を利用して生産行為を体験することは，生産場所と周辺環境が相互に影響しあっていることに気づく機会となりうる（都市の「農」について詳しくは4.3節を参照）．下水汚泥や厨芥の資源化は，普段意識されない都市の排出物に目を向ける効果をもちうる．今後はさらに一歩進めて，外に向いた都市居住者の目が，遠隔地や周辺部の実態を「見る」ことができる機会を充実させる必要がある．人々が日々の食事と都市外部の問題とのつながりを認識することで，問題解決に向けた行動が広がることを期待したい．

1.3　都市住民による自然体験の歴史

(1)　古代・中世における自然体験の始まり

都市における人と生態系との関わりには，これまでみてきたような物質的な面だけでなく，非物質的な面もある．非物質的な関わりの代表である自然体験は，現代における公園への訪問や庭の手入れなどに相当する．自然体験は，飲食のように毎日不可欠な行為というわけではないかもしれないが，都市住民の健康に大きな影響を与えることが近年わかってきている．現代の自然体験のありかたに課題があるとすれば，歴史上の都市における自然体験がその解決策のヒントを与えてくれるかもしれない（現代の自然体験と健康について，詳しくは第3章を参照）．それでは，昔の都市住民が体験する「自然」とはどういう種類のものであったのだろうか．ここでは，古代の都市から順に，自然体験の時代ごとの変化をたどっていきたい.

都市の中で体験される自然の代表例としては，サクラをはじめとする花の咲く木がある．京都の二条城跡の南側に残る神泉苑(しんせんえん)は，平安京での天皇の住まいがあった大内裏の南側にあり，天皇家やその客が池に舟を出してサクラを愛でていた（小野 2015）．神泉苑は，サクラを鑑賞する行為が本格的に行われたことが明らかなもっとも古い場所である．ヤマザクラなどいくつかのサクラは，野生状態でもみられる．現代の日本の都市においては，春のサクラは最も大きな自然体験イベントといってよいだろう．植栽されるサクラの品種は大きく変わったが，気のおけない仲間が集ってサクラのまわりで宴に興ずるのは，9 世紀でも 21 世紀でも変わらない都市の姿である．また，平城京の時代に編まれた『万葉集』には花の咲き誇るさまを詠んだものがあり，ウメやモモなどの花の咲く木が鑑賞のために多く植えられていた．花の咲く木の中には大陸から持ち込まれた種もあったと推測されている（飛田 2002）．人が楽しみのために持ち込んだ生き物が多いということは，今日の都市における生物相の特徴でもあ

図 1.10　現在の平城京（左上）・平安京（右）・鎌倉（左下）とその周辺．縮尺はすべて同じ．平城京と平安京は当初のおおよその位置を示す．背景は地理院地図を改変．

るが，その徴候が最初の都市である平城京にも表れていた．

都市住民による自然体験の対象は，都市の中だけではなく，少し離れた郊外にもある．平城京ができる前の奈良盆地には，水田や樹林が広がっており，樹種ではマツやコナラなどが多かった（飛田 2002）．都市ができる前からある郊外の自然とは，すなわち田園の自然である．『万葉集』の中には，春日に関する歌が多い．春日は平城京から東に5 km ほどの距離にあるエリアで，現在も奈良公園や春日大社が観光名所になっている（図1.10）．平城京の人々は，春日山を眺めたり，春日野に訪れたりした経験を詠んでいる．現在，奈良公園の名物といえばシカであるが，『万葉集』の中には，シカとのふれあいを詠んだ歌もある．平安京では，賀茂のエリアをまわり，田園の風景を眺めたり，ウツギの花を摘んだり，ホトトギスの声を求めたりする様子が10世紀頃の『枕草子』に登場する（古橋 1998）．賀茂別雷神社（上賀茂神社）と平安京の中心部の距離感は，平城京と春日の距離感と似ている（図1.10）．5 km の範囲で自然体験が行われていた理由は，日帰りで行きやすいこともあるだろう．また地形の面から考えると，平城京や平安京が立地する広い扇状地では，少なくとも5 km は移動しないと変化のある自然を楽しめないということもあるだろう．これらは，現代では景観の体験やレクリエーションと呼ばれる行為である．気心の知れた者同士で出かけたり，そこにみられる動植物を楽しんだりしているさまは，時代を超えて都市住民に共通している．

図1.11　『春日権現験記絵』第5軸の一部．
複数の鳥類を含むさまざまな動植物が描かれている．
画像：国立国会図書館デジタルコレクション．

郊外の田園自然から出てきたと思われる動物が，都市にまぎれ込むこともあった．14 世紀に描かれた『春日権現験記絵』には，古代から中世にかけて都市でみられた動物に関する記載が数多くある（小野 2015）．鳥が描き込まれていることが多く，オシドリ，マガモ，カワセミなど水辺の鳥がみられる（図 1.11）．現在の都市でも見かける鳥である．現代ではこうした鳥は大きな公園の水辺に行かないと見ることが難しいが，古代や中世の都市では住宅にも来訪することがあり，より身近な存在であったようだ．ほかにも，ウズラやキジなどの農地でみられる種の記載もあり，田園の生き物が現代よりも身近にふれあえる場所にいたことがうかがえる．鳥以外では，絵の中にノウサギも描き込まれている．ウサギは 12 世紀から 13 世紀に描かれた『鳥獣人物戯画』でも主要なキャラクターで登場しており，鳥たちと同様，当時の人々にとって身近な存在であったようだ．平城京や平安京では，草原や森林といったノウサギの生息環境が身近に残っていたのだろう．12 世紀から 13 世紀の鎌倉を記述した『吾妻鏡』には，動物の記述もある．鳥ではカモ，ハト，カラス，サギ，トビが，哺乳類ではイヌ，ネズミ，キツネが登場している（河野 2007）．これらの多くは現在の鎌倉でも見ることができるが，哺乳類のリストに，まとまった森林を必要とするキツネが含まれていることは，注目に値する．丘陵地に位置する鎌倉では，人間活動が森林に近づいたことで，都市住民とキツネとの出会いの機会が生まれたのであろう（図 1.10）．

平安京の郊外には，古代から中世にかけて，長期滞在用の別荘が数多く建設された．田園自然へ出かけるレクリエーションから一歩進んで，田園自然の中

図 1.12　京都・嵯峨の大覚寺から見た大沢池と左奥に見える周辺の山並み（口絵 1 参照）．著者撮影．

に都市的な居住を実現してしまうというやりかたである．9世紀につくられた嵯峨の大覚寺が，このもっとも初期の例である．賀茂よりもさらに遠くに位置する嵯峨の地は，田畑と山林に囲まれた，田園のど真ん中である（図1.10）．もともとは，嵯峨天皇が上皇となってからの晩年に，離宮として建設された．大覚寺の東側に隣接して，庭園の池としては現存するものでもっとも古い大沢池が広がり，寺から奥の山並みが見渡せる（図1.12）．こうした別荘はごく一部の限られた権力者だけが建設できたものではあるが，初期の都市の住民に，静かな田園自然の中での生活を求める動きがあったことは興味深い．

これまで，古代から中世にかけての都市の自然体験をみてきた．都市内に持ち込まれたウメやサクラといった花木と，都市とつながった周辺の田園自然という2つの観点が，この時代の自然体験を特徴付けている．前者はミクロな点の体験であるのに対し，後者はマクロな面の体験である．現代の都市にも，この花木と田園自然という特徴に類似した自然体験の事例を見つけることができる．一方で，古代・中世の自然体験は，記録に残っている限り，天皇家，将軍家，公家といった一部の家柄の人のものにすぎなかった．体験の内容は現代と類似しているが，体験ができる人は現代のように誰でもというわけではなかった．

(2)　近世における自然体験のひろがり

平安京すなわち京都の人口は，16世紀中盤まで10万人程度であったが，豊臣秀吉の都市改造による町人の流入を経て，17世紀には30万人以上へと増大した．この人口増加は，市街地の範囲の拡大というよりは，既存市街地の高密度化によって実現された．秀吉は，御土居という土塁によって都市の範囲を新しく区切り，区画を街路により細分化した．そのため，現代にみられる都市の範囲の拡大はほとんど発生せず，平安京郊外の豊かな田園自然は，19世紀後半までそのまま温存された．近世に入った17世紀には，桂離宮や修学院離宮のような，田園自然を活かした日本庭園の傑作が京都の近郊に造成された．

天皇家や公家の人々による京都の田園自然の体験は，近世においてより洗練されたものになっていったが，加えて近世では，各地の都市でさまざまな階級の人々が自然を楽しむようになるという，自然体験をめぐる大きな変化が起

図 1.13　『江戸図屏風』の右隻（上）とそこに描かれた加賀肥前守下屋敷の庭園部分の拡大（下）．画像：国立歴史民俗博物館．

こった．さまざまな階級のうち，武士の間での自然体験のひろがりを示す例が大名庭園だ．17 世紀の江戸を描いたとされる『江戸図屏風』には，多くの庭園が描かれている（図 1.13）．現代に残るものとしては，水戸中納言下屋敷（小石川後楽園）や加賀肥前守下屋敷（東京大学本郷キャンパス育徳園，口絵 2）が描かれている（小野 2015）．ではなぜ，この時期の大名屋敷に庭園がつくられるようになったのだろうか．これは，当時の社会制度が封建制であったことと関連しているようだ．封建制においては，将軍が大名に領土を認め，代わりに藩主はさまざまなかたちで将軍に仕える．このしくみは，中世においてもみられたが，江戸時代によりいっそう強まった．将軍が江戸にある大名の屋敷を訪れることを御成と呼び，御成を彩る空間として庭園が活用された．御成のときに加えて，平時にも大名たちは自然体験を楽しむために庭園を利用していた．駒込の六義園では，哺乳類や鳥や蝶などの多くの動物が訪れ，大名らによって愛でられていた（小野 2017）．『武江産物志』によれば，当時の江戸ではキツネ，タヌキ，ノウサギに加えて，トキやコウノトリといった鳥類も目撃されていた

図1.14　金沢の長町武家屋敷跡（左）とそのわきを流れる大野庄用水（右）．著者撮影．

(野村 2016)．これらの生き物のうちのいくつかは，生息場所の1つとして庭園を利用していたと想像される．

封建制下においては，将軍と大名の関係が諸藩の中でも再現され，全国に庭園の文化が広がった．各地の都市において，大名に仕える諸藩の武士たちが，屋敷の中に庭園をつくった．このことが現在でもよくわかるのが金沢である．藩主の前田家は，17世紀前半には江戸の屋敷に育徳園という庭園を造成し，その後17世紀後半に金沢に兼六園（けんろくえん）をつくった．金沢城や兼六園の周辺にはさまざまな武家の庭園がつくられており，いくつかは現在でも残っている．なかでも，大野庄用水に沿った長町武家屋敷跡では，用水の水を引いた庭園が維持されている（図1.14）．こうした都市の中心部での庭園群の形成は，古代から中世にはみられず，近世に新しく成立した都市の特徴といえるだろう．古代の律令制のもとで成立した平安京，すなわち京都では，こうした近世都市のような特徴はみられない．封建制という社会制度が新たな都市の建設と組み合わさることで，市街地の中に庭園がパッチワーク状に展開された．これは世界でも稀な形態の都市を生み出した．ただし，残念なことに，和歌山などのほかの近世都市では，空襲の被害などによって庭園の多くが後に失われてしまった．空襲の被害をまぬがれた金沢は，近世都市の自然体験の場の多くが現在でも残されている，貴重な例である．

町人階級の人々の自然体験はどうであっただろうか．水運で栄えた大阪や堺は町人の都市であり，江戸や京都でも町人の数が数十万にのぼった．町人の多

図 1.15　『江戸名所図会』第 7 巻の清水堂（きよみずどう）花見圖（ず）．
寛永寺にあり，桜の季節などに人を多く集めた．現在の上野恩賜（うえのおんし）公園．
画像：国立国会図書館デジタルコレクション．

くは町家（まちや）と呼ばれる狭い住宅に住んでいたため，自宅に大きな庭園をもつことは難しい．大名庭園は，近くにあるからといって自由に楽しむこともできない．そのため町人の間では，庭よりも小さい自然体験として，鉢植えで植物を楽しむ行為が近世に普及した．鉢植えさえあれば，小さなスペースでも植物を楽しみ，四季を感じることができる．ミクロな自然体験のひろがりは，近郊の植木産地を含んだ園芸植物の生産流通ネットワークの発展に支えられた（飛田 2002）．一方で，町人たちは，郊外にも自然体験を求めるようになった．もっとも多くの町人を抱えた江戸では，さまざまな自然体験の場が郊外につくられた．早期のものとしては，8 代将軍吉宗による 18 世紀初期の飛鳥山（あすかやま）のサクラの植栽がある．さらに郊外では，寺社や町人がつくり出した自然体験の場もあった．江戸で人が集まる場所を描いた『江戸名所図会（めいしょずえ）』をみると，都市の外縁部に位置することが多い寺社の境内にも，庶民が楽しめる庭がつくられていた（図 1.15）．町人によるものには，19 世紀初頭の江戸にできた向島百花園（むこうじまひゃっかえん）がある．ここは，現在では東京都が管理する庭園となっているが，多くの種類の植物が集められており，人々に雄大な大名庭園とはまた違った自然体験の場を提供している．郊外の自然体験の場でみられる植物としては，ウメやサクラに加えて，ツツジやボタンなどの美しい花の咲く草木が好まれていたようだ．近世になり，郊外における自然体験は，田園自然の風景に加えて，人が持ち込んだ植物を集めてアミューズメントパークのように楽しむという行為が加わった．

(3)　近代における自然体験のさらなるひろがり

近代に入り，1873年には明治政府が公園の指定を開始した．政府から府県への通達である太政官布達には，「是迄群集遊観ノ場所」を公園として推薦せよとあり，東京の浅草寺や寛永寺，京都の八坂神社，清水寺や嵐山などを想定される例として挙げている．これは，今われわれが公園と聞いてイメージするような遊具と広場からなる場所を新たにつくるのではなく，近世から人々が集まっていた場所を公園と呼ぼうということだ．すでに外国人の居留地では，1868年に神戸の東遊園地が，1870年に横浜の山手公園が設置されており，西欧の公園の概念が国内に持ち込まれたことの影響が，明治政府による通達の背景にあったのであろう．この通達に従って，東京では浅草寺が浅草公園に，寛永寺が上野公園に改称された．徳川吉宗が整備した名所の飛鳥山も，このときに公園となった．こうした東京の例は，自然体験の中身の変化というより，近世に登場した郊外の自然体験の場の名前を変えただけのものである．しかしほかの都市では，公園が自然体験のひろがりをもたらした例もあった．近世に町人階級が自然体験を楽しんでいた場所だけでなく，大名庭園であった場所の一部も公園として開放され，庶民の自然体験の場となっていった．金沢では，大名の前田家の庭園だった兼六園が人々に公開され，1874年に公園に指定された．和歌山では，1901年には和歌山城址が公園となり，1915年ごろに紅葉渓（もみじだに）庭園の復旧工事が行われた（野中 2017）．

19世紀の後半から20世紀の初頭にかけての西欧の影響は，自然を構成する生物種の選定にも及んだ．都市内に新たに導入された樹種が植栽された空間の最初期の例として，1903年に開園した東京の日比谷公園がある．公園のデザインも和風と洋風の折衷のようなものになっているが，植物についても，それまでの日本にあった種と西欧や北米から持ち込まれた種が混在していた．後者の例としては，スズカケノキ（いわゆるプラタナス，ここではアメリカスズカケノキとモミジバスズカケノキも含む），ユリノキなどがある．こうした西欧や北米の気候に適応してきた植物種を日本に運んできても，根付くとは限らない．適切な種を選定し植栽を成功させるために，西欧からとりいれた近代園芸学の知見が活用された．植栽をひろく展開するには，数十本や数百本に植物を増やしていく必要があるが，そのためにひろさのあるナーサリー（苗場）が必要になる．日比谷公園に先立ち，新宿の内藤新宿試験場が 1872 年に開設され，西欧や北米の園芸植物の栽培が試験されていた．この内藤新宿試験場は現在では新宿御苑となっている．苑内に残るスズカケノキなどの巨木は，試験場の名残である．

西欧の樹種は街路樹としてもひろまった．街路樹の植栽は，19 世紀後半から，東京を中心にひろく行われた．最初は，マツ，ウメ，ヤナギといった，それまでの日本の都市でもみられた樹種が活用された．人々が自分たちで植えて世話をする事例も多かった（工藤ほか 2008）．街路樹自体は古代の都市からみられたが，都市全体に展開されたのは近代になってからである．1907 年には，当時の東京市の依頼を受けて，林学者の白沢保美（しらさわやすみ）と園芸学者の福羽逸人（ふくばはやと）が，街路樹に関する提言をまとめている．推奨される樹種についても記載があり，育成が計画された本数が多い順に，イチョウ，スズカケノキ，ユリノキ，アオギリ，トウカエデ，エンジュ，トチノキ，ミズキ，トネリコ，アカメガシワが提案された（武内・米瀬 1996）．樹種選定でもっとも重要なのは，十分に大きくなることと，ストレスに強いことであった．スズカケノキとユリノキは，西欧や北米か

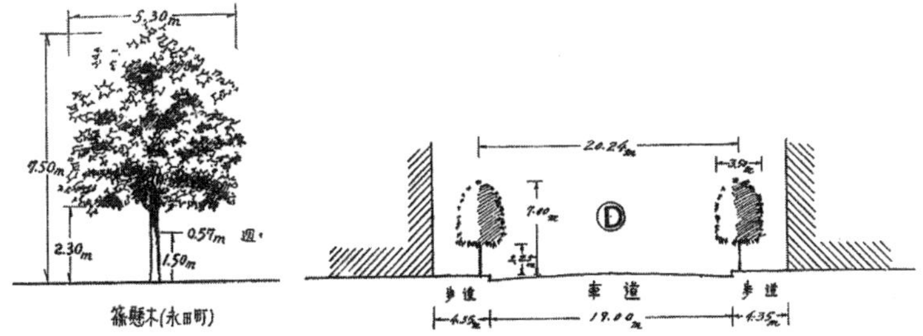

図 1.16　街路樹として植栽されたスズカケノキの樹形（左）と街路断面（右）．
1930 年代中ごろに作成された資料と推測され，樹形は千代田区永田町の 30 年生のもの，街路断面は同区竹橋のもの．
東京大学農学部緑地創成学研究室所蔵『戦前の東京市中心部における街路断面ならびに街路樹に関する原板 4 種』より転載．

ら導入された樹種であり，日比谷公園にも使われている．この提言はその後の樹種選定に大きな影響を与えた．東京市では，提言後の12年間に植栽された街路樹1万9000本のうち，スズカケノキは3分の1以上を占めもっとも多かった(図1.16)．街路は都市住民が日常的にふれる屋外環境であるから，スズカケノキの植栽は新鮮な自然体験を多くの都市住民に与えただろう．

一方，近代になってつくられた北海道の開拓都市では，それまでの都市とは自然をめぐる状況が大きく異なっていた．京都や江戸など，近世までの都市の多くが北緯35度前後に位置しているのに対して，札幌や旭川は北緯43度に位置しており，気候はより寒冷である．近世までの自然体験にとって重要だった田園自然について考えてみると，北海道で古くから生活してきたアイヌは狩猟採集を生業の中心としていた．そのために，札幌や旭川が建設されたときには，本州以南のような水田を中心とした田園自然があまり存在していなかった．もちろん，哺乳類，鳥類，植物の種類も異なってくる．もし近世までの都市の例に従えば，北海道の都市でも，周囲をとりまく自然を楽しむ文化が形づくられるところだが，実際はそうはならなかった．とりまく環境は北海道の自然であるが，都市の住民は本州から来た人々であるから，体験して楽しむような関係は生まれにくかったであろう．北海道に渡った人々が楽しむ自然は，むしろ，新しい種を持ち込むことでつくられていった．本州からも一部の樹種が持ち込まれたが，西欧や北米から導入されたハリエンジュ（ニセアカシア），ポプラなども盛んに植栽された．現在も札幌や旭川の公園や街路樹にこれらの樹種を多く見かけることができる．観光名所や人々の憩いの場で，こうした樹木は重要な役割を果たしている．

西欧の自然体験への影響は，首都東京のほかでは，横浜や神戸の居留地や，札幌や旭川といった開拓都市などの，新しい都市でみられた．これらの都市では，日本列島にもともと生息していた種と中国大陸原産種に西欧や北米の種が追加されることで，都市で多様な植物種を体験できるようになった．一方で，近世11都市の自然体験には，東京を除いては，西欧の強い影響はみられなかった．東京以外の近世都市では，少なくとも近代の間は，西欧の樹種を導入することはあまり行われず，近世から継承してきた自然体験の場をいかに壊さずに残していくかという考えが強かった（野中 2017）．それまでの寺社地，城址，名所は，「公園」として継承された．あるいは，小川治兵衛が作庭した京都の円山（まるやま）公園のように，大衆のための場として庭園文化を継承して新しく公園をデザインした例もあった．同じく京都で1906年に指定された嵐山公園のように，市街地からかなり離れた郊外の景勝地が公園として位置付けられることもあった．

近世から継承してきた自然へのまなざしは，田園自然に対しても向けられた．1898年に発表された『今の武蔵野』において，当時の都市のはずれである渋谷に住居のあった国木田独歩（くにきだどっぽ）は，中野，世田谷，小金井と，武蔵野台地の範囲をひろく歩き回り，一面に広がる雑木林や田畑の自然を体験している．独歩は冒頭で「武蔵野の美今も昔に劣らず」と書いて，田園自然の美しさを褒め称えている．郊外の田園自然を訪れての自然体験は，平城京の時代から行われているため，それ自体が新しいことではない．しかし，特権階級ではない一般の都市住民が田園自然を求めて歩きまわるという行為は，近代初期になって初めて認められる．こうした田園自然を求める発想のひろがりは，都市を離れて郊外に居住する動きが進む原動力となっていく．

日本で郊外居住がひろまるきっかけは，1910年代に始まった鉄道事業者に

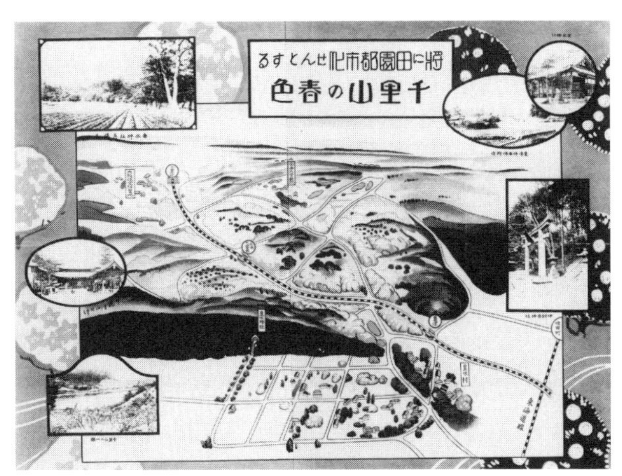

図1.17　田園都市の宣伝の一例．1922年発行の『大阪の北郊と北大阪電鉄』の中の図から．
画像：国立国会図書館デジタルコレクション．

よる住宅地開発である．19世紀の末に，京都で初の水力発電所が誕生して以降，電力とそれを利用する鉄道の建設がひろまった．郊外への鉄道の敷設と周辺の住宅地開発を一体的に進める手法は，まず阪急電鉄の前身である箕面有馬電気軌道により，大阪北郊で進められた．大阪では，現在の阪急宝塚線の池田駅に近い猪名川のほとりに，1910年に室町地区が開発されたのを皮切りに，梅田，箕面，宝塚，神戸，千里を結ぶ鉄道の沿線に次々と住宅地が建設された（図1.17）．こうした住宅地のいくつかは，現代でも田園自然に囲まれた当時の面影を残している．東京では，1920年代から分譲が始まった田園都市において，郊外にふんだんにある自然を前面に押し出した宣伝が行われた．このとき建設された洗足や田園調布は，東京と横浜の中間にある田園自然の中にあった．ここは国木田独歩が指摘した「武蔵野」の特徴をもつエリアであり，周辺には雑木林と田畑が延々と続いていた．開発の理念にも，「地質良好にして樹木多きこと」という文言が掲げられている．「樹木多きこと」とは，台地一面にひろがる雑木林を指していたのであろう．一般の都市住民にとっての田園自然といえば，時間と手間をかけて体験しにいくものであったのが，ここで初めて都市生活が田園自然の中で展開するという状況が生まれた．

近代に失われた自然体験の場としては，江戸の大名庭園があるが，それが一般の人々の自然体験にも大きな変化を与えたとはいいがたい．19世紀後半の新聞記事によれば，現在の東京都足立区から港区のあたりの各所で，依然としてキツネを含むさまざまな動物が目撃されていた（林 2004）．一般の人々からすれば，それまでの動植物の体験が失われたという事例は，1920年代ごろまではあまりみられなかったようだ．公園や街路樹の概念を導入し，樹種を導入し，郊外に居住するという近代における最初の変化は，むしろ近世までにみられた自然体験機会のひろがりを継承し，多様化させるものであった．ただ東京のキツネの新聞記事が1886年を最後にパタリと消えてしまったことだけは，その後の自然体験機会の喪失を暗示していた．

コラム1　都市の子供たちによる昆虫採集

昆虫採集は，近代に人々の間に広まったと思われる自然体験である．日本の都市のまわりにある田園自然には，農地だけでなく樹林地や水辺がたくさん存在しており，チョウ，トンボ，バッタ，セミ，カブトムシ，クワガタムシ，水生昆虫など，採集の対象になる昆虫にあふれている．遅くとも1930年前後には，昆虫採集がひろく行われるようになり，都市に住む子供たちの中にも「昆虫少年」が生まれたようだ．民族学や比較文明学の研究で著名な梅棹忠夫（うめさおただお）氏は，少年時代からの日々の記録を残していたことで知られているが，1920年生まれの梅棹氏は，小学生時代に，京都の北山（きたやま）での昆虫採集に熱中していたとある（梅棹 2009）．昆虫採集のための道具は，京都市内で市販されており，手に入れることが可能であったとも述べている．1880年代ごろから学校教育の中で昆虫の採集が推奨されるようになり（松良 1993），まとまった昆虫図鑑である『日本千虫（せんむし）図解（ずかい）』が1904年に出版されていたことから（図），19世紀末から20世紀初頭に昆虫採集が広まったと考えてよいであろう．昆虫採集も近代化による自然体験のひろがりの一翼を担っていた．

なぜ日本では都市の子供の間に昆虫採集がひろまったのだろうか．この時代に起きた多くの変化と同様に，西欧の影響があったのだろうか．たしかに，フランスのジャン・アンリ・ファーブルの『昆虫記』が翻訳されて紹介されるということはあったが，ファーブルの方法は，昆虫採集というよりは行動観察で

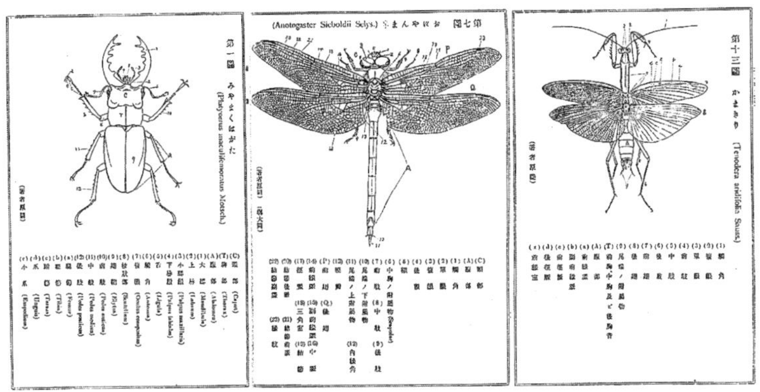

図　『日本千虫図解』に描かれたミヤマクワガタ（左），オニヤンマ（中），カマキリ（右）．
画像：国立国会図書館デジタルコレクション．

ある．日本の子供たちにひろまった，さまざまな昆虫を捕獲し，標本にしたり飼育したりするような昆虫採集とは少し中身が異なる．西欧で昆虫を集める人たちは，どちらかというとプロフェッショナルな採集者たちで，日本のように子供たちの活動として普及したわけではないようだ．近世の時代から，日本では鳴く虫を売り歩く商売があったことが知られており，近代化の時期には，虫かごなどの道具がすでに身のまわりに存在していた．そうした虫に親しむ文化が継承されて，昆虫採集に発展した可能性はある．昆虫採集は，自然体験の歴史という観点では，日本の都市に特徴的な興味深い事例である．

(4)　20世紀後半における自然体験の場の喪失と継承

1950年から1970年は，先に述べたように，日本の都市の数がもっとも速いペースで増加した時期である．国勢調査によれば，第二次・第三次産業労働者をあわせた労働者の比率は，1950年に51%であったが，1960年には67%に，1970年には81%へと急激に増加した．工業を中心とする経済は拡大し，濁流のように都市に人が流れ込んでいった．それまでの都市周辺にある町や村だった場所は，多くの人口を抱え，都市へと変化し，全国各地の都市周辺の農地や樹林地は次々に市街地に転用された．つまり，現代の都市のかなりの範囲は，20世紀前半の農村の延長線上にある．農業基盤整備としての耕地整理は，そのまま都市基盤整備の役割を果たした（武内・原 2006）．農地区画が直線化され

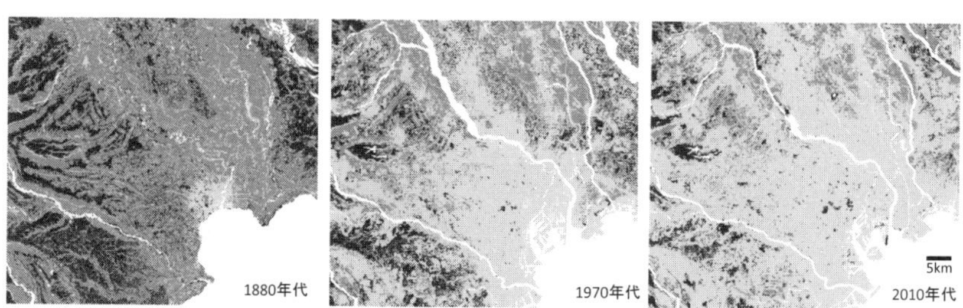

図1.18　1880年代から1970年代・2010年代にかけての東京周辺の市街地拡大．
黒は森林・草地・荒地，濃灰は農地，薄灰は市街地，白は水域を示す．
1880年代は農研機構・明治時代初期土地利用・被覆デジタルデータベース（CC BY 4.0 https://creativecommons.org/licenses/by/4.0/）を改変，1970年代と2010年代は国土数値情報の土地利用細分メッシュ（1976年・2016年）を改変．

ていれば，新たに建設しなくても，農道をそのまま車道に転用することができる．排水には，既存の農業用水路を使うことができる．自作農創設，税負担の増加，宅地需要の増大といった変化のもとで，人々は農業をあきらめ，農地を市街地として売り払っていった（田中 1982）．新しい世代の多くは農業に従事せず，仕事場を工場やオフィスに求めた．さらに，かつて農地とともに農村にひろく存在していた樹林地の多くは，農業に付随する農用林として使われてきたため，農業が衰退するとそれまでの存在意義を失い市街地として売られていった．

自然体験の観点からみると，都市の急速な拡大は，既存都市住民の田園自然体験機会の喪失という結果を招いた．古くからの都市域に住む人たちは，次第に周辺を市街地に囲まれていくことになった．こうした変化は，東京と大阪という近代以降の2大都市においてとくに顕著であった．この2つの都市は1920年の時点ですでに人口100万人を超えていたが，周辺をひろい平野に囲まれていたこともあり，ほかの都市よりも市街地の拡大した面積が大きかった．東京では，「武蔵野」で描かれた東京西郊の農地や樹林地は，1970年代までに大規模に消失した（図1.18）．大阪では，北部から東部にかけて高密な市街地が形成された．20世紀後半の東京や大阪では，5 km 移動すれば豊かな田園自然があるという平城京や平安京のような状況は失われてしまった．続いて，1950年に人口100万人となった名古屋市や，1970年代以降に100万人を超えた札幌市，仙台市，福岡市といった都市でも，中心部から5 km の範囲の樹林地や農地は現在までに多くが消失してしまった．東京23区や大阪市の住民は，ひろがりのある田園自然にふれようとするならば，車や鉄道で長い距離を移動しなければならなくなった（詳しくは3.2節を参照）．さらに，市街地の拡大は，都市型洪水やヒートアイランドという新たな問題を生み出した（詳しくは4.1節と4.2節を参照）．

自然体験機会の急速な喪失を目の前にして，東京や大阪の周辺では，近郊緑地保全区域などの土地利用規制の取り組みや，都市生態系の変化を明らかにするための都市生態学研究が1970年頃からはじまった（沼田 1987）．農地については，都市住民が自然とふれあえる農園の開設や，生産緑地地区への指定による保全が，意欲ある農家を中心に進められた．1973年に登場した特別緑地保

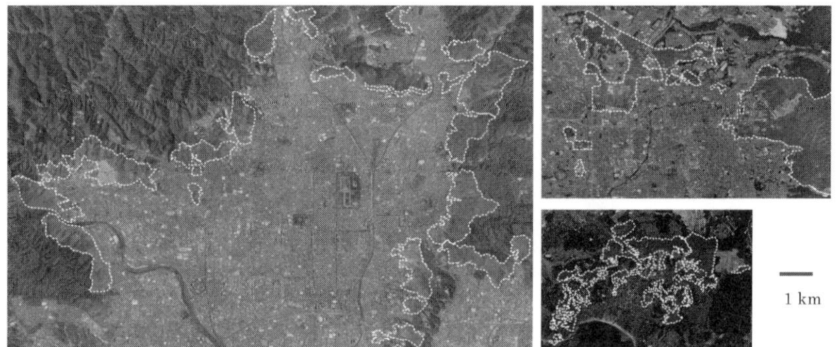

図1.19　歴史的風土の保存に関する特別措置法に基づく歴史的風土保存区域.
京都（左），奈良（右上），鎌倉（右下）の各市の指定範囲のそれぞれ一部を白点線にて示す.
指定範囲は国土数値情報を，背景は地理院地図を改変.

全地区制度は，全国で樹林地や水辺の保全のために活用され，指定面積の多い神戸市では市街地の近くに4 km^2 以上の特別緑地保全地区が指定された．これは，神戸市中心部から望む六甲山系の大部分に相当する．さらに，各地の特別緑地保全地区では，都市住民が積極的に樹林地に関わって植生管理や生物調査を担う例が生まれた（Tsuchiya et al. 2013）．

奈良・京都・鎌倉という古代から中世にかけて登場した都市は，いっそう強力に田園自然の確保を進めた．歴史的な都市では，田園自然を残していこうという人々の考えが，ひときわ強かったようだ．1930年代から奈良・京都・鎌倉では田園自然の一部に対して建築等を制限する風致（ふうち）地区が指定されていたが，田園自然を残そうという人々の動きはさらにひろがり，1966年の古都における歴史的風土の保存に関する特別措置法（古都保存法）に基づく保存地区の指定に至った（図1.19）．歴史的風土とは，「歴史上意義を有する建造物，遺跡等が周囲の自然的環境と一体をなして」いる土地をさす．周囲の自然的環境とは田園自然であり，農地，樹林地や水辺から構成されるものである．古代から中世にかけての，平城京の春日をはじめとする都市住民の自然体験の場の多くは，次代に継承されることになった．古都保存法による指定面積がもっとも大きい京都市では，市全体で85 km^2 以上が指定され，その中には嵯峨天皇の別荘であった大覚寺周辺の樹林地や農地も含まれた．おかげで21世紀の現代でも，9

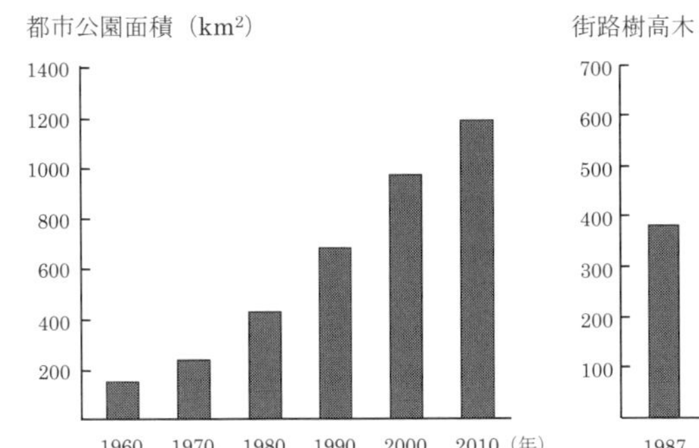

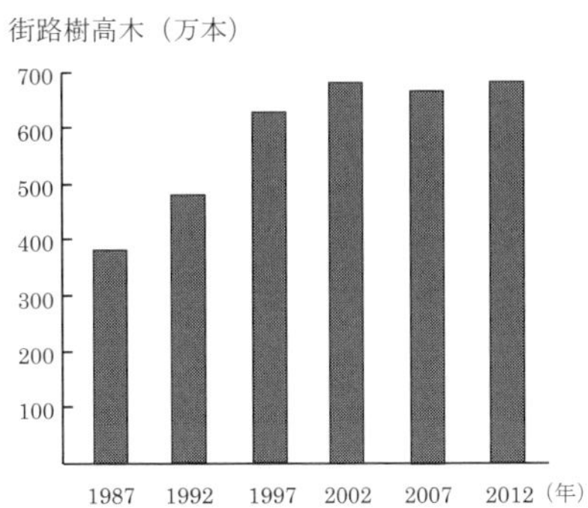

図 1.20　20 世紀後半以降の都市公園面積（左）および街路樹高木本数（右）の変遷.
国土交通省『都市公園等の現況及び推移』および国土技術政策総合研究所資料『わが国の街路樹 VII』を改変.

世紀の古代の人々が体験した大沢池とその背後にひろがる農地や樹林地の自然を体験することができる（鎌倉について詳しくは 5.2 節を参照）．ほかの歴史的な都市の自然体験機会継承の例として，金沢市では，1990 年代に施行された斜面緑地保全条例や用水保全条例によって，都市生活のすぐ近くに樹林地や用水路を確保する方針が明確になった．

拡大した都市の内側では，失われた自然を少しでも取り戻すために，公園や街路樹の設置が進められた．都市公園法に基づいて設置された全国の公園（都市公園）の面積は，全国の 1960 年の 144 km² から増加を続け，2000 年代初頭に 1000 km² を突破した．街路樹高木の本数は，1980 年代には 370 万本に，2000 年代には 670 万本以上に達した（図 1.20）．現代の都市住民が日常的に体験する「自然」は，こうして増加してきた公園や街路樹が中心になっている．さらに，都市の新たな自然環境では，生き物とのふれあいのための場を積極的に確保する試みも行われてきた．1980 年代ごろからは，公園や校庭において，生き物の生息環境に配慮したビオトープ作りが始まった．郊外の公園では，かつての田園自然を組み込んだ例も多くみられるようになった（Iwachido et al. 2020）．

これまでみてきたように，長い歴史のなかのほとんどの時期において，自然体験の機会はせばまるのではなく，ひろまってきた．田園自然を体験する機会が著しく衰退したのは，20世紀の後半になってからのことである．もし未来において私たちの社会が再び自然体験機会のひろがりを目指すのであれば，20世紀初頭（1900年代から1920年代）にみられた田園自然体験の状況が，1つの参考になるであろう．20世紀初頭の時期においては，全国各地で一般の都市住民が広く自然にふれる機会を得るようになり，昆虫採集などの生き物にまつわる文化も育まれた．現代では失われてしまった20世紀初頭における自然体験機会の場所やそこにいた生き物の特徴を振り返ることは，未来の自然体験を考える助けになるであろう．さらに，都市における自然体験は，平城京での大陸産樹木の植栽から20世紀後半の公園の増加にいたるまで，常に新たな取り組みによって支えられてきた．都市の自然体験のひろがりは，21世紀以降においても，新たな技術やしくみによって展開されていくことが期待される．

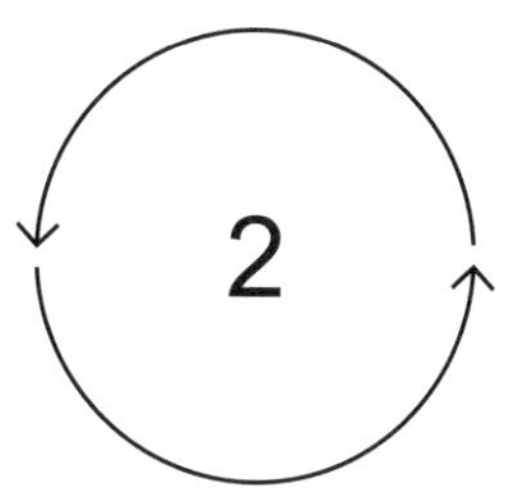

2 都市生態系の特徴 —生物多様性の観点から—

都市は，いうまでもなく人が経済・社会・文化活動を行うためにつくられた空間である．それは，人類が出現する前から存在していた森林や草原，河川，干潟などとは異なり，人によって一から造り上げられた「特殊」な生態系である．そのため，都市にはほかの自然生態系ではみることができない特有の生態系のパターンやダイナミクスが存在する．この章では，都市生態系の特徴とその成因を，おもに生物多様性の観点から考えたい．

2.1 都市でなぜ生物多様性を考えるのか

本題に入る前に，都市生態系の特徴を理解することがなぜ重要なのかについて少し説明したい．長い生態学の歴史を振り返ると，都市生態学は決して主流な学問分野ではなかった．その最大の理由は，都市生態系は「自然界（人間界と対置される，動植物など人間をとりまく自然の世界)」の成り立ちを理解するうえで不適な場であると考えられてきたからだ．都市生態系は人間活動の影響を色濃く受けており，純粋な生態学の観点からすれば，それらは「ノイズ」として映るだろう．また生態学者の間では，都市には希少な野生動植物が少なく，保全の必要性があまり高くないと認識されてきたことも，都市生態系が積極的に研究されてこなかった一因であろう．だがそうした認識は，少なくとも以下の４つの点からみて大きな誤りである．

１つ目は，都市生態系の成り立ちを理解することは，ヒトを含めた広義の自然界を理解する上で不可欠であるという点だ．20 世紀以降，人間活動による大規模な環境改変はその激しさを増しており，現在では地球規模での問題となっている．オゾンホール研究で 1995 年にノーベル化学賞を受賞した大気化学者クルッツェン（P. J. Crutzen）は，現在，地球は地質学的に新たな時代である「人新世」(Anthropocene）に突入していると述べている．厳密な意味でヒトの影響を受けていない生態系は，もはや地球上には残されておらず，自然界を理解するためには，ヒトが生態系のプロセスに与える影響を理解することが重要となる．そうした影響に関する理解を深めるためには，都市は格好の場を提供してくれる．

２つ目は，都市が生物多様性保全にとって重要な場所であることが明らかになってきた点である．詳しくは後述するが，近年の広域スケールでのデータの蓄積や解析技術の進歩により，都市やその周辺には保全上重要な野生生物（絶滅危惧・地域固有種など）が想像以上に多く生息することがわかってきた（Ives et al. 2016）．つまり，都市で生物多様性を守ることは，健全な都市生態系の維持だけではなく，国土・地球スケールの生物多様性保全にも大きく貢献する可能性があるのだ．

３つ目は，都市の生物多様性はそこに住む人々にさまざまな恵み（生態系サー

図 2.1　都市におけるさまざまな自然の恵み．
都市の自然は，昆虫類による花粉媒介機能（A）や緑がもつメンタルヘルス改善効果（B），鳥類による害虫捕食機能（C）などさまざまな恵み（生態系サービス）を人々に与える．
写真：Pixabay.

ビス）を提供する点である．都市の自然が地域住民にもたらす生態系サービスについては第4章で詳しく述べるが，これらのサービスには，昆虫類による花粉媒介機能，有機物の分解や持ち去り，都市住民のメンタルヘルスの向上などさまざまなものが含まれる（図2.1）．こうした生態系サービスを適切に管理・活用していくためには，都市生態系の成り立ちに関する詳細な知見が欠かせない．

そして4つ目は，都市の生物多様性は人と自然の関わり合いを維持する上で重要な役割を担っているという点だ（詳しくは第3章を参照）．現在，世界的な生物多様性の喪失や都市化の進行に伴い，人々の自然との接触の機会が大きく減少している．日常的な自然との関わり合いは，人の健康維持や子供の発育のみならず，環境保全の社会的な意識を醸成する上で不可欠である（Soga and Gaston 2016）．そうした意味からも，世界人口の大多数が居住する都市で生物多様性を守り，人と自然の関係性を維持することは，より長期的な自然環境保全に貢献するに違いない．

2.2　物理的環境の特徴

(1)　ヒートアイランド効果

都市生態系は，ほかの自然生態系と比べてさまざまな点で物理的環境が異なっている．たとえば，一般的に都市は周囲と比べて気温が高い．これは「ヒートアイランド効果（heat island effects）」と呼ばれ（Oke 1995），地球上の多くの都市で共通してみられる現象である（図2.2）．詳しくは第4章でも述べるが，ヒートアイランド効果による温度上昇の程度として，東京のような大都市の場合，都心と郊外で2～10℃ほど気温が異なる．こうした都市での気温上昇

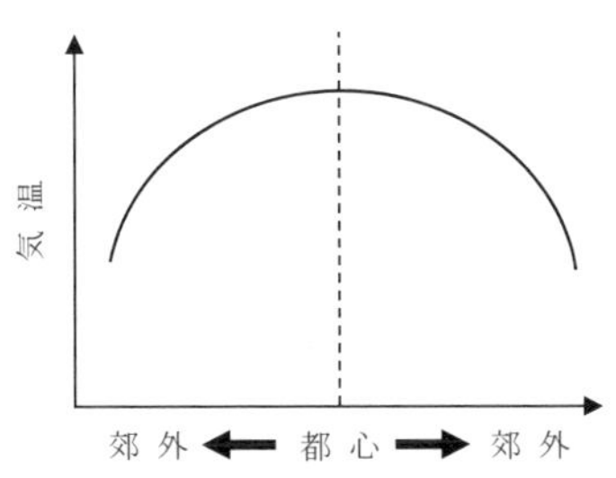

図2.2　都市におけるヒートアイランド効果．
アスファルトの増加，建築物の高層化・高密度化，人工排熱の増加に伴い，都心の気温は周囲の郊外よりも高くなる．

は，太陽光で熱せられるアスファルトに近い地表面だけでなく，地表面から10mほど離れた樹冠部のような高さでも起きている．また，都市のヒートアイランド効果は，一般的に夏季の夜で大きくなり，風の強い日や雲で覆われた日ではその効果が弱まることが知られる．ヒートアイランド効果はさまざまな要因により引き起こされるが，不浸透面（不浸透性の材料により覆われた土地）の増加がもっとも影響力が強いようだ．一般にアスファルトやコンクリートによる人工被覆域は，草地や樹林地，水田などの植生域と比べて日射による熱の蓄積が多く，温まりにくく冷えにくい（熱容量が大きい）性質をもつからだ．また，建築物の高層化や高密度化が進んでいる都市の場合，天空率（地上面からどれだけ空が見られるかを示した値）が低下して地表面からの放射冷却が弱まることや，風通しが悪くなり地表面に熱がこもりやすくなること，さらに人工排熱（建物や工場，自動車，空調などの排熱）が増えることもヒートアイランド効果に拍車をかけている．

(2)　水質・水循環の変化

都市の河川や湖沼の水質は，周囲の環境と比べて劣化していることが多い．実際，都市開発は農業活動と並んで地域の水質を劣化させる大きな要因とされている．多くの都市で共通して報告されている水質劣化の例としては，①水温が高い（ヒートアイランド効果や湧水の消失による影響），②水素イオン濃度が高い，③溶存酸素量が少ない，④糞便性大腸菌群が多い，⑤リンや窒素濃度が高い，⑥浮遊粒子状物質量が多い，ことが挙げられる．こうした都市の水質劣化の原因にはさまざまなものがあるが，大きくは生活・工業排水や下水道の影響，降雨に伴う地表面の汚染物質の流入，都市周辺（上流部）における農業活動の影響，の3つが重要とされている．都市河川における水質劣化は，都市の河川や湖沼に生息するさまざまな生物の生存に影響を与える．たとえば，溶存酸素量が2～3mg/Lを下回ると，魚類などの水生生物は生存できなくなるといわれている（関根ほか 1995）．また最近では，人為的に放流された熱帯魚が，都市河川の水温上昇に伴って都市部で生息できるようになり，在来種へ間接的な負の影響を及ぼしていることもある．東京都と神奈川県の境を流れる多摩川では，ガーやピラニアなどの肉食魚が頻繁に確認されており，今では「タマゾン川」（南米のアマゾン川とかけている）と呼ばれているほどだ．

都市化は，河川や湖沼の水質を劣化させるだけでなく，生態系の水循環も大きく改変する．都市では，景観内に占める不浸透面（アスファルトなど）の割合が顕著に高いが，不浸透面は，草地や樹林地などの植生がある場所と比べて保水力が低い．そのため都市では，降雨時に雨水が地表面から浸透しにくく，表面流出量が増加する．この影響が大きくなると，生態系内での水循環の流れが速まり，降雨の際に河川の水量のピークが高まるなどの影響が顕在化する．近年，気候変動の影響もあって，都市部でいわゆる「ゲリラ豪雨」が頻発し，道路や家屋が水没するというニュースをよく目にするが，これは都市における水循環の変化がもたらした大きな弊害なのである．詳しくは第4章でも述べるが，最近では，こうした洪水を抑制するために，都市の中にさまざまな緑空間（みどりくうかん）（グリーン・インフラストラクチャー）を取り入れることが推奨されている．

(3) 大気汚染

都市では大気中の二酸化炭素や窒素酸化物，二酸化硫黄，オゾン，浮遊粒子状物質の濃度がほかの生態系と比べて高い．こうした都市における大気化学の変化は，さまざまな要因により引き起こされている．たとえば，窒素や硫黄の濃度が高いのは，都市で化石燃料の使用量が多いためであり，オゾン濃度が高い理由は，大気中の窒素酸化物と炭化水素類の光化学反応によってオゾンが生成された結果である．また，浮遊粒子状物質のうち大きな粒子のものはおもに工場や農業活動，自動車から排出される煤塵や粉塵で，粒子の小さなものは化石燃料の燃焼によるものである．

気温や水質と同様に，こうした大気化学の変化は生物多様性にさまざまな影響をもたらす．大気中で増えた汚染物質は降雨（酸性雨となる）を通じて，広範囲に降り注ぐからである．こうして陸域に降り注いだ汚染物質は，長い年月を経て土壌や湖沼に蓄積されていき，陸域・水域生態系の生物群集の組成を改変することがある．こうした大気中に存在する汚染物質は，野生生物だけでなく，人に対しても深刻な負の影響を及ぼす．たとえば，近年急速な経済発展に伴い大気汚染が深刻化している中国では，毎年約160万人が大気汚染の影響で命を落としているという報告例もある（Rohde and Muller 2015）．この数字は，

1日あたり約4400人に相当するというから驚きである．実際に世界保健機関（WHO）も，人間の健康を害するもっとも強力な要因は大気汚染だと述べているほどだ．ただ，先進国全体でみた場合には，環境浄化技術の進歩や環境法の整備により，大気中の汚染物質の量はここ数十年間で減少傾向にあり，すべての都市で大気汚染が深刻化しているわけではない．

(4)　光・音環境

都市では，夜間照明（住宅照明，街灯やネオン，車のヘッドライトなど）の利用に伴い，環境中に存在する光量が多い（図2.3）．こうした光環境の改変は「光害（light pollution）」と呼ばれ，近年，生態系に及ぼすさまざまな負の影響が指摘されている（Gaston et al. 2013）．たとえば，光害は植物のフェノロジー（季節性）や動物の繁殖の時期や行動パターンを変えるだけでなく，生態系機能やサービスにまで影響することがわかってきている（Knop et al. 2017）（図2.4）．こうした光害がもたらす負の影響は都市の中だけにとどまらず，広範囲に波及する．事実，都市で増加した光量は，天空輝度（地上から放出された光が上空で拡散し，空全体が明るくなる現象）を通して，遠く（場合によっては数百 km）離れた郊外の生態系にまで影響を及ぼす．最近では，省エネの観点から発光ダイオード（LED）照明の普及が進んでいるが，これは環境中の光のスペクトル（分光分布）を変化させるという点で，新たな生態学的問題を引き起こすことが懸念されている（Gaston et al. 2013）．

図2.3　都市において光害を引き起こすさまざまな要因.
都市では，住宅照明，街灯やネオン，車のヘッドライトなどの利用により光害が引き起こされている.
写真：Pixabay.

光環境と同様に，都市では人間活動によって発生した音（交通騒音，工場・建設現場から出る音など）が環境中に豊富に存在する．こうした音環境の変化は「騒音害（ノイズポリューション，noise pollution）」と呼ばれている（Francis and Barber 2013）．これまで騒音害は，人の健康被害（聴力障害や睡眠妨害，ストレスレベルの増加など）の観点から研究されてきたが，最近になって野生生物にもさまざまな影響を及ぼすことが明らかになりつつある．たとえば鳥類の場合，鳴く時期やタイミング，鳴きかたを変えることが知られている．また，長期間騒音に暴露された生物個体は，ストレス状態の指標である血中のコルチゾール濃度が高まるという．

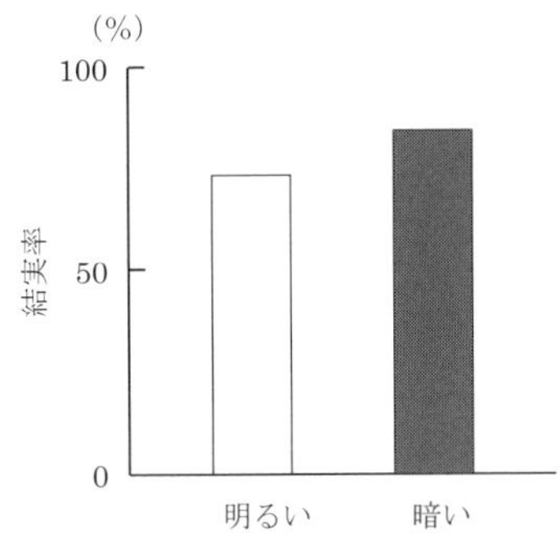

図2.4　都市における光害が昆虫類の送粉機能に与える影響．
着花植物の結実率を夜間に街灯に照らされた環境とそうでない環境で比べた結果，街灯のもとでは昆虫類の訪花頻度が減少し，それに伴って結実率が13%低下した．
Knop et al.（2017）より引用．

2.3　都市化に伴う「生息地の分断化」

都市化は，「生息地の分断化」を引き起こす．生息地の分断化とは，「大きな広がりをもつ生息地が複数の小規模な面積の生息地に置き換えられ，それぞれの生息地が本来の生息地とは異なる環境（多くの場合，生息に不適な環境）によって隔てられること」をさす（Fahrig 2003）．ある地域で生息地の分断化が進行すると，かつて生息地があった場所に都市がまるで「海」のように広がり，その中に孤立した小さな生息地が「島」のように取り残される（図2.5）．このように，本来つながりをもっていた生物の生息地が減少し，互いに断片状に残された景観のことを「分断化景観」と呼ぶ．分断化景観において，残存する生息地は「パッチ」と呼ばれ，パッチをとりまくように優占している土地を「マトリクス」という（図2.5）．

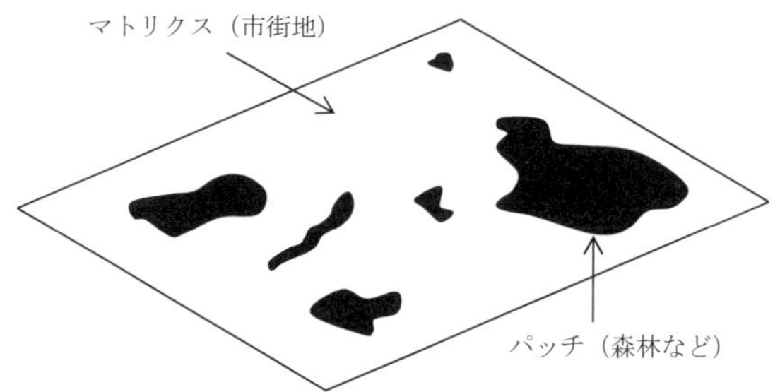

図 2.5　分断化景観におけるパッチとマトリクスの概念図.
分断化景観では,「海」のように広がる市街地（マトリクス）の中に, 孤立した小さな生息地（パッチ）が「島」のように取り残される.

東京都南多摩地区は, 生息地の分断化が顕著な地域である. この地域では, 1960 年代に始まった多摩ニュータウン開発の影響により, 30～40 年の間に景観構造が劇的に変化した. 1970 年当時, この地域に存在する森林パッチの約半数は 100 ha 以上だったが, 2000 年には 6 割以上が 20 ha 以下の小さな森林パッチになった（Kataoka and Tamura 2005；図 2.6）. それに伴い, 景観内の森林パッチの数は 3 倍以上に増えている.

生息地の分断化は, 地域の生物多様性に 2 つの大きな負の影響を及ぼす. 1 つ目は, 本来の生息地がマトリクスを隔てて孤立することによって, パッチ間での生物個体の交流（種の繁殖や遺伝子の交雑の機会）が減少する点である. 2 つ目は, 分断化に伴う「生息地の質」の低下である. 一般に, 生息地の分断化が進行すると, 景観内には生息地とマトリクスの境界（エッジ）が徐々に増えていく. こうした生息地の境界域は, マトリクスの影響（市街地における人間活動がもたらすさまざまな負の影響）をとくに強く受けやすい場所であり, 生息地の内部とはさまざまな面で環境が異なる. たとえば森林の場合, 都市に隣接した林縁では, 林内と比べて光量や気温が上昇し, 土壌中の水分量や湿度が低くなる. また, 林縁では風速が強いため木本の死亡率が増加し, 先駆植物の侵入が促進される. このような境界域における物理・生物的環境の変化は「境界効果（edge effect）」と呼ばれ, 野生生物の生息に大きな負の影響を及ぼす（Fahrig 2003）.

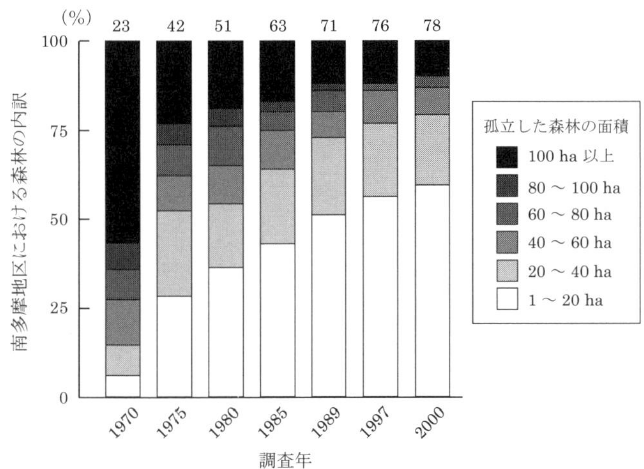

図 2.6　東京都南多摩地区における生息地の分断化の歴史.
南多摩地区では，30 年間で孤立した森林の数が増えた一方，面積の大きな森林が減少したことがみてとれる（バーの上の数値が孤立した森林の数を表している）.
Kataoka and Tamura (2005) を改変.

2.4　都市の生物群集の特徴

ここからは，都市で形成される生物群集の特徴を整理したい．ここでは，①広域スケールからみた特徴，②都市と農村の比較からみた特徴，③都市–農村の環境勾配からみた特徴を述べる.

(1)　広域スケールからみた特徴

まず始めに，都市の生物多様性がどんな特徴をもっているのかを広域スケールからみていこう．ここでいう広域スケールとは，国土・大陸・全球スケールのような広い空間スケールをさす.読者の中には驚く方もいるかもしれないが，広域スケールでみた（数百～数千km^2 くらいの地域を単位とした）場合，一般的に人口密度が高い場所（都市）では，生物の種数も多い．実際，鳥類や哺乳類，草本(そうほん)植物類などさまざまな分類群で，人口密度と生物種数の間に正の関係

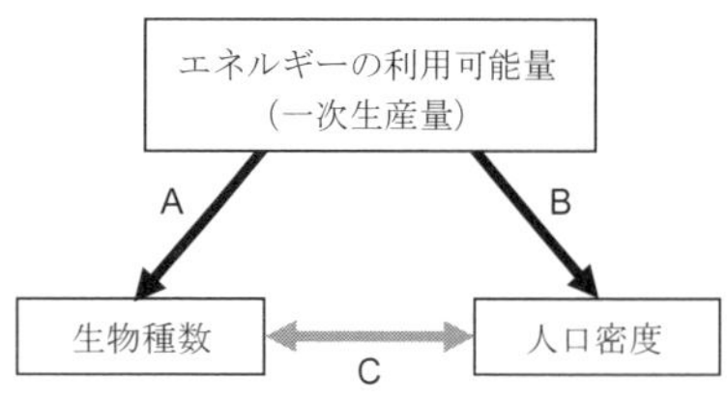

図2.7 広域スケールでみた場合の人口密度と生物種数の関係.
生物の種数は温暖で肥沃な環境で多いが(矢印A),こうした環境は人の居住環境としても利用されやすい(矢印B).その結果,人口密度と生物種数の間に正の関係がみられる(矢印C).しかし,こうした人口密度と生物種数の関係はあくまで広域スケールのみで検出され,局所スケールでみた場合には両者は負の関係になる(都市化が生物多様性に与える負の影響が強いため).

がある(Luck 2007).これを聞くと,都市化は生物多様性にとって何か「よい」効果があるように思えるかもしれないが,決してそうではない.なぜなら,生物種数と人口密度の間にみられる正の関係は,「人口密度が生物種数を高めた」結果ではなく,「都市がつくられやすい環境(温暖で肥沃な地)が,野生生物の生息にも適した場所である」からだ(図2.7).実際に,もう少し小さな(都市化が生物多様性に与える負の影響が顕在化する)スケールでみると,生物種数と人口密度は負の関係となる(次の(2)項を参照のこと).

生物種数と人口密度の正の関係は,単純な「生物種数」だけではなく,絶滅危惧種の種数でもあてはまる.最近オーストラリアで行われた研究によれば,都市と絶滅危惧植物の分布は空間的に重複しており,都市には郊外よりも多くの絶滅危惧種が生息するという.ちなみに日本の場合,鳥やチョウの種数が多い地域は地価が高い場所(都市)であることが知られている(Kasada et al. 2017).興味深いことに,種数と地価との関連がもっとも強くなる場所は,都市近郊に残された「城跡」付近だという(Kasada et al. 2017).そのため,主要な生息地が都市周辺に存在する種の場合,そうした場所で積極的に保全を行わなければ,種が絶滅してしまうおそれもある.このことが,都市で生物多様性を保全することの意義なのである.

(2) 都市と農村の比較からみた特徴

先ほど,広域スケールでみた場合は生物種数と人口密度が正の関係となると書いたが,もう少し小さな(数十km^2くらいの地域を単位とした)スケールでみた場合,一般に,鳥類や哺乳類,昆虫類,両生類など動物の場合,農村に比べて都市では種数が少ない(McKinney 2002).これは,都市では生息地の分断化や物理的環境の改変などにより動物の生息地が減少・劣化するためである（2.2節を参照のこと）．一方，植物の場合，必ずしも都市で種数が少なくなるわけではなく，その逆を示す場合も多い（Luck and Smallbone 2010）．この理由としては，都市には多くの外来植物種が侵入してくるため，総種数は都市で増えるということが挙げられる（在来植物種数は農村の方が多い）（図2.8）．

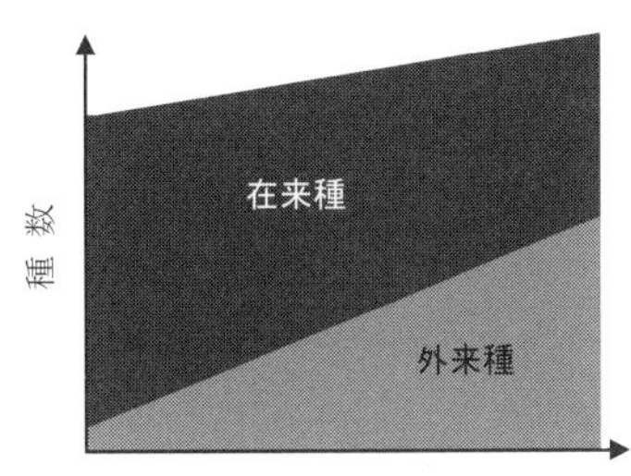

図2.8 都市化傾度に対する植物種数の変化．
多くの場合，都市化に伴って在来植物の種数は減少するが，それ以上に外来種の種数が急激に増加する．その結果，都市では植物全体の種数が多くなる．

都市と農村の間でどれくらい種数が違うかは，注目する生物分類群（分類学上ひとまとまりになる生物種のグループ）や生物機能群（似たような生態的特徴をもった生物種のグループ）に依存する（McKinney 2002）．たとえば，鳥類の場合，ジェネラリスト種と呼ばれる機能群（単一の生息環境や餌に依存せず，いろいろな種類の環境に生息できる・餌を利用できる生物種）の数は農村よりも都市の方が多いが，スペシャリスト種と呼ばれる機能群（単一の生息環境や餌しか利用できない生物種）の種数は農村で多い（Evans et al. 2011）．前者のグループに属する鳥類種は，都市化によってある特定の餌資源が失われても，別の資源を利用することができるため，より都市でうまく生活ができるのだろう．同様に，地上に営巣する鳥は，樹上性の種

図2.9 チョウ類における都市適応種と忌避種の例．
チョウ類の中には，モンシロチョウ（*Pieris rapae*）（A）のように高度に都市化した環境でも生きていける種もいれば，オオムラサキ（*Sasakia charonda*）（B）のように都市化に敏感な種もいる．
写真：Pixabay．

と比べて都市で種数が少なくなる傾向にあるが，地上面は樹上よりも都市化による物理的環境の改変の影響（コンクリートによる舗装，温度の上昇，湿度の低下など）を強く受けやすいことが理由として考えられる．生態学の中では，都市でも適応可能な生物種は「都市適応種（urban adaptor)」と呼ばれ，都市で生息できない種を「都市忌避種（urban avoider)」と呼ぶ（Marzluff 2001；図2.9)．先の例でいえば，ジェネラリスト鳥類種は都市適応種であり，スペシャリスト鳥類種は都市忌避種となる．先ほど述べたように，基本的には都市では都市忌避種が減少し，代わりに都市適応種が増えるようになる（口絵3)．

(3)　都市–農村の環境勾配からみた特徴

一般的に，生物種数がもっとも多い環境は都市と農村の中間にあたる地域である．実際に，中程度の開発が進んだ環境で生物種数が多いことは，植物や鳥類，昆虫類など多くの生物分類群で報告されている（ただし，例外となる生物分類群も多数存在するため，一般化には注意が必要である)．このように人為改変の度合いの勾配に対して，中程度の環境改変下で生物種数が高くなる現象を「中規模攪乱仮説（intermediate disturbance hypothesis)」という（Roxburgh et al. 2004)．中規模に都市化が進んだ地域では，農村でみられるような環境に加え，開けた公園や雑木林，草地など多様な生息地が存在するため，いろいろな種類の生物種が生息でき，種数が高まるのである．また，中規模な都市では都市適応種と都市忌避種の両方が生息できるのも1つの理由だろう．

都市化傾度に対する生物群集の非線形的な反応を知ることは，都市の生物多様性の空間的なダイナミクスを理解するためだけではなく，生物多様性保全に適した都市形態を考える上で有用な知見をもたらす．たとえば，都市化傾度と生物種数・個体数の間に「閾値」(生物種数や個体数の大幅な減少が起きる，最小の人為攪乱・土地開発強度）の存在が確認された場合，生態系保全に配慮した都市開発目標を設定する際に活用できるだろう．

都市化傾度と生物群集の関係を探ることが都市計画に有益な知見をもたらすことを示すために，著者らが行った研究を1つ紹介しよう．一般に，都市の生物多様性を保全する際，大きく2つの方法が考えられる．1つは，単位面積あたりの都市の開発強度を最大化することで，開発面積を抑える（開発に使わなかった土地を保全のために残す）戦略である．もう1つは，開発面積を最大化することで，面積あたりの開発強度を最小化する（市街地も含めた地域全体で広く保全を目指す）戦略である（図2.10）．前者は「土地スペアリング（land sparing）」，後者は「土地シェアリング（land sharing）」と呼ばれる（Lin and Fuller 2013）．それでは，これら2つの開発戦略のどちらが都市で生物多様性を保全する上で優れているのであろうか．その答えを探るのに，先ほど述べた「都市化傾度と生物個体数の関係（以下，個体数反応曲線と呼ぶ）」が使える．具体的には，個体数反応曲線を用いることで，さまざまな開発シナリオ下における景観内の生物の個体数が推定できる（詳しい方法はSoga et al. 2014を参照されたい）．著者らはこの方法を用いて，土地スペアリングと土地シェアリング型の都市開発のどちらが昆虫類の保全に適するのかを調べた（図2.11）．その結果，2つの景観に生息する昆虫類の総個体数を比べると，土地スペアリング型の都市のほうが数百倍も多くの個体を維持できることが推定された．以上のことから，都市で生物多様性を保全する際は，土地スペアリング型の都市開発が望ましいことが示された．

土地スペアリング

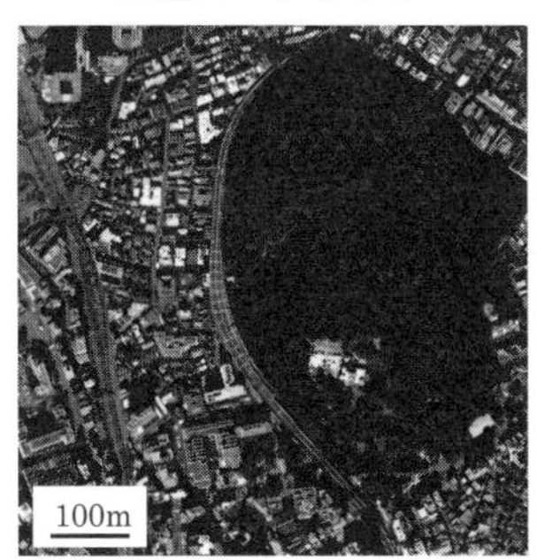

土地シェアリング

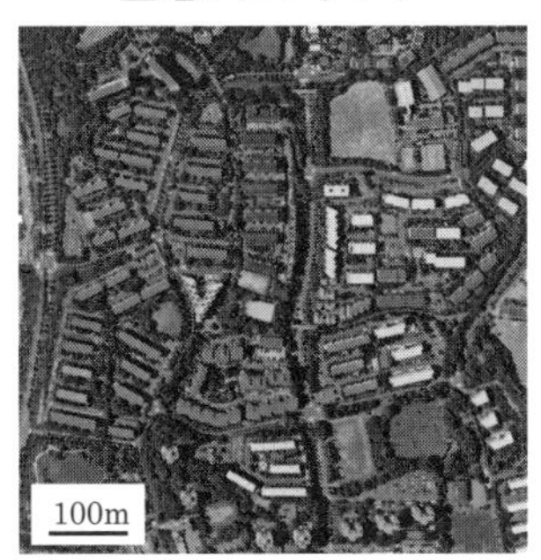

図2.10 土地のスペアリングとシェアリングの例.
土地スペアリングは単位面積あたりの都市の開発強度を最大化することで，開発面積を抑える戦略（左）で，土地シェアリングは開発面積を最大化することで，面積あたりの開発強度を最小化する戦略である.

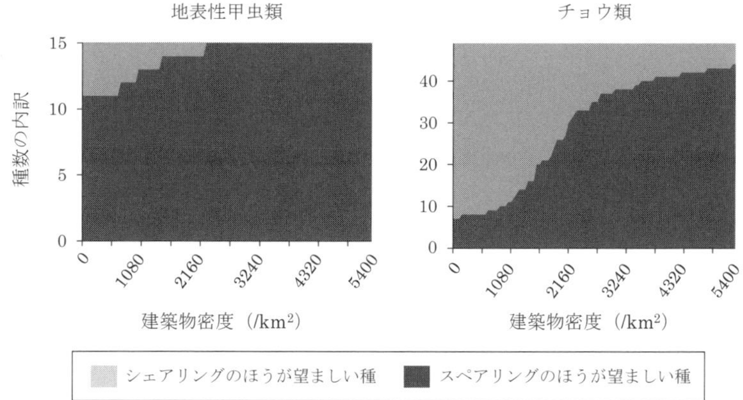

図2.11　土地のスペアリングとシェアリングがもつ生物多様性保全機能.
ある地域を都市化する場合，土地スペアリングのほうがより多くの個体数を維持できる昆虫種と，シェアリングのほうがより多くの個体数を維持できる昆虫種の内訳を示す．ここではさまざまなレベルの開発目標（人口数）を想定しているが，大部分の開発レベルで土地スペアリングのほうが保全上望ましいことがわかっている.
Soga et al.（2014）を参考に作成.

2.5　都市の生物群集の時空間ダイナミクス

ここまで，都市と農村の生物多様性を比べることで都市の生物群集の特徴を整理してきたが，次に都市の中に焦点を絞り，生物群集の時空間ダイナミクスを述べたい.

(1)　空間的ダイナミクス

都市生態系の中では，局所的に生息する生物の種数や数には大きな空間的ばらつき（バリエーション）が存在する．こうした空間的なばらつきはさまざまな環境要因に起因するが，もっとも大きな要因として局所的な植生の量・質が挙げられる．実際に，地域内に存在する樹木の数や樹冠の量はそこに生息する生物種数と密接に関わることが知られる．たとえば，多くの木々に覆われ，植生構造が複雑な地区には，そうでない地区と比べて，一般的により多くの鳥類が生息する（Grafius et al. 2017）．一部の研究によれば，こうした場合の樹木は外来のものではなく，在来種のほうがより多くの種を維持できるという（Ikin et al. 2013）．

先述のとおり，生息地の分断化の影響により，都市景観には大小さまざまなパッチ（緑地などの生息地）が存在する．こうしたパッチに生息する生物群集にも空間的なばらつきがみられるが，これにはそのパッチの大きさ，成立過程や履歴，パッチ内の植生構造，周辺環境などが影響する（Nielsen et al. 2014）．これらの要因の中でも，とくにパッチ面積が生物群集に与える影響は大きく，パッチ面積と生物種数の正の関係性は「種数-面積関係（species-area relationship）」と呼ばれる（Beninde et al. 2015；図2.12）．大きな面積のパッチで生物種数が増えるのは，①大面積の生息地ほど局所個体群サイズが大きくなるため絶滅率が低くなる，②生息地の外部から影響（境界効果）を受けない環境をより多く保持できる，③多様な種類の生息環境や餌資源を含みやすい，④偶発的に種が侵入・定着する可能性がより高くなる（ターゲット効果）からである．もちろん面積が大きくなれば種数はどこまでも増え続けるわけではなく，どこかで頭打ちになる．たとえば大阪で行われた研究によれば，鳥類の種数は緑地面積が20 haになるまでは増えるが，40 haを過ぎたあたりから種数の増加が緩やかになるという（Fernandez-Juricic and Jokimäki 2001）．

ところで，都市では裕福な人が多く住む地域ほど，生息する生物種数が多いことがある．これは「ぜいたく効果（luxury effect）」と呼ばれ，多くの国や地域でみられる都市生態系特有の生物分布パターンの1つである（Leong et al. 2018；図2.13）．ぜいたく効果は大きく2つの理由で説明できる．1つは，裕福な人ほど質の高い（多様性が豊かな）緑地に近い場所を選んで住むためである．もう1つは，経済的に豊かな人ほど自分が所有する土地（庭）で豊富・多様な植生を維持するため，裕福な家の周辺には多くの生物が集まってくるというも

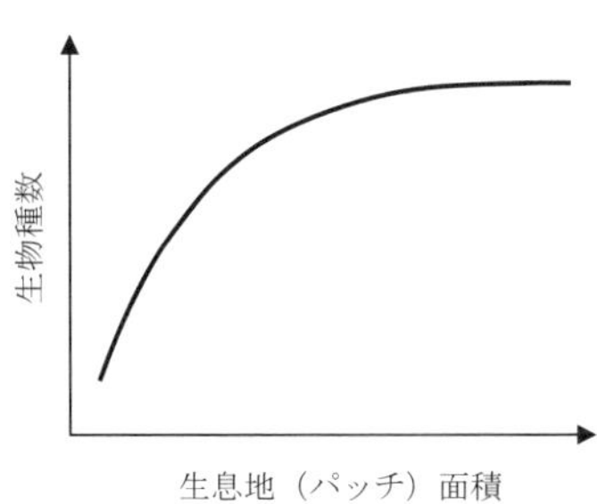

図2.12　種数と生息地面積の関係．パッチに生息する生物の種数はパッチ面積が大きくなるほど増えるが，一定の面積で頭打ちになる．

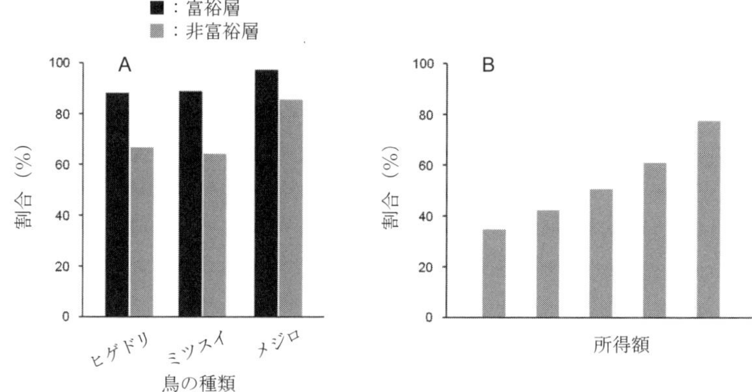

図2.13　都市におけるぜいたく効果の例.
ニュージーランドの例（A）では，裕福な人の家にはより多くの種類の小鳥が飛来してくることが（van Heezik and Hight 2017），オーストラリアのメルボルン（B）では裕福な人が住む地区ほどたくさんの木が植えられていることが示されている（Crawford et al. 2008）.（A）と（B）ではそれぞれ「自分の庭に鳥が飛来してくる」，「自分の居住地区には日陰で休める大きな木がある」と答えた人の割合を示している.

のである．所得と生物種数の関係は，基礎生態学的に興味深いだけでなく，生態系サービスの観点からみても重要な示唆を与える．詳しくは第3章で述べるが，日常的な自然との関わり合いは人々にさまざまな健康便益をもたらす．そのため，富裕効果はこの便益が経済的に豊かな住民に集中的に提供されていることを意味している.

(2)　時間的ダイナミクス

都市の中の生物群集は大きな時間的ダイナミクスをもつ．ここでは，前角らが東京で行った興味深い研究を紹介しよう．この研究では，高度成長期前後で東京都区西部（世田谷区・杉並区・練馬区）のチョウ相がどのように変化したのかを調べた．具体的には，市民科学者（愛好家）によるチョウの採集・目撃の記録を収集してデータベース化を行い，1950年代以前と1980年代以降の2時期のチョウ類相を比較した．その結果，1980年代以降に記録されたチョウ類種は，1950年代以前と比べて，65種から55種に減っていた．続いて，どんな生態的特徴をもつ種がこの期間に消失したのかを分析したところ，世代交代のサイクルが遅く，食餌植物が都市で栽培利用されていない種ほど消失しやすいことがわかった．すなわち，年一化性の種および食餌植物が栽培利用されていないチョウは，1980年代以降に多くが地域から絶滅したことを意味している．

一般的に野生生物は都市化に対して敏感に反応するが，そうした反応は必ずしも開発後すぐ目にみえるわけではない．都市化が起き，将来的には生物個体群が地域から消滅することが明らかな場合でも，種によってはその地域に生息し続ける場合がある．このように，人為的な景観改変に対してタイムラグを伴って起きる将来的な絶滅のことを「絶滅の負債（extinction debt）」という（Kuussaari et al. 2009；図2.14）．また，現在は一見安定的でも，将来的に絶滅する運命にある個体群のことを「生ける屍（living dead）」と呼ぶ．ある地域にどれくらい絶滅の負債が残されているかは，その地域の景観の状態に強く依存する．たとえば，生物の供給源となる生息地が周囲に比較的多く残されている地域の場合，「救済効果（外部からの生物個体の移入により，孤立した個体群

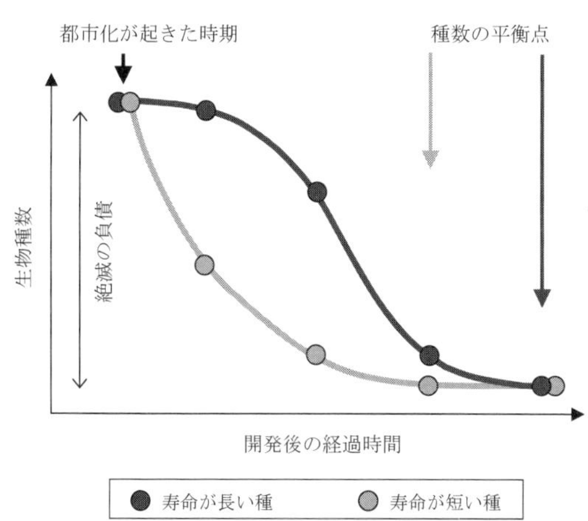

図2.14　絶滅の負債の概念図．
都市化が生じたのち，寿命が長い，または世代交代のサイクルが遅い生物種ほど都市化に対応する（種数が減少し，新たな平衡点に達する）までに長い時間を要すると考えられる．
Kuussaari et al.（2009）を改変．

が局所絶滅から免れること)」が強く発揮されるため，生ける屍がより長期にわたって居残りやすくなるだろう．また当然ながら，開発の歴史が浅い都市の場合には，多くの絶滅の負債が残されている可能性がある．どの地域にどれくらいの絶滅の負債が残されているのかを明らかにすることは都市の生物多様性保全に大きく貢献するだろう．なぜなら，将来的に消えゆく地域個体群の絶滅を未然に防ぐことができれば，過去に起きた都市化の影響を，部分的であったとしても，帳消しにすることができるかもしれないからである．

人為的な環境改変に対する生物群集のタイムラグ的な変化は，都市開発後の「種の消失」の過程だけではなく，生息地の再生後の「新たな種の定着」の過程でもみられる．都市に新たな緑地が造成された場合，時間がたつにつれ，野生生物は次第に定着してくるだろう．たとえば，東京湾沿岸の埋め立て地は，本来は陸域生物の生息地でなかったはずだが，造成後数十年が経過した今では，非常に多くの種類の生物の住み処となっている（板川ほか 2012)．先ほど，人為的な景観改変に対してタイムラグを伴って起きる局所絶滅のことを「絶滅の負債」と述べたが，逆にこうした長期的タイムラグを伴って起きる種や個体群の定着のことを「定着の売掛（colonization credit)」という（Kuussaari et al. 2009)．

2.6　都市に住む生物種の特徴：都市環境への適応

都市に生息する多くの生物は，さまざまな方法で都市環境（都市特有の物理的環境や人間活動）に適応し，生存している．たとえば，同じ種でも，都市に生息する生物個体は，一般的に郊外のものと比べて体サイズが小さい．この背景には，都市の高い気温（ヒートアイランド効果）が関係しているようだ．実際に，内温動物（自律性体温調節機構によって常に一定の体温に調節を行う動物：哺乳類や鳥類など）の場合，寒冷な地域に比べて温暖な地域では，生物は放熱を頻繁に行う必要があるため，体重あたりの体表面積が大きくなる（体サイズが小さくなる)．また外温動物（外部の温度により体温が変化する動物：昆虫類や両生類など）の場合には，一般的に低い温度環境で育った個体は長い発育期間を経るため，より大きな体サイズで成熟する（温度適応と呼ばれる）．これらに加え，都市は郊外と比べて餌資源が少なく，個体間での資源をめぐる競争が激化するため，個体あたりの体サイズが小さくなることも1つの理由として考えられる．

ヒートアイランド効果に関連する都市環境への適応の例として，都市に生息する生物は高温に対する耐性が高いことが挙げられる．ブラジルのサンパウロで行われたある有名な実験によれば，都心で捕獲されたハキリアリは，郊外のものと比べて，高温条件に晒された際，活動性を失うまでにより時間がかかる（高温耐性をもつ）という（Angilletta et al. 2007）．この研究からは，都市に住むアリがもつ高温耐性が独自の進化の賜物なのか，可塑的な変化（環境の変化に対して生物種の性質を柔軟に変える能力のこと）なのかはわからないが，いかに都市のヒートアイランド効果が野生生物に大きな影響を与えているのかを理解することができる．

鳥類や哺乳類，両生類や昆虫類などの動物は，求愛や敵対，警告などさまざまな場面で音声コミュニケーションを用いる．そのため，騒音害に侵されている都市では，音声コミュニケーションの効率が低下する．こうした問題に対抗するため，都市に生息する動物には音声を変化させている種もいる．たとえば，都市に生息する鳥類の一部は，①周囲の人工騒音に自身の鳴き声がかき消されないように音量を上げたり，②音の低い人工騒音と音域が重複しないように高い音の鳴き声を発するようになったり，③より効率的に情報を伝達するために1回の鳴き声の発声時間を短くしたり（早口になる），④人工騒音の発生時間を避けるために人が寝静まる夜間に鳴くという．

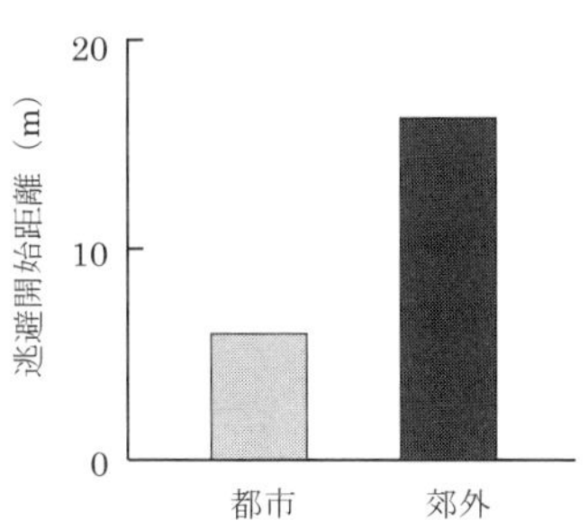

図2.15 都市化に伴って人慣れするエゾリス．
都市と郊外でリスにどれくらいの距離まで近づけるのかを調べた結果，都市に生息するリスのほうがより近づけることがわかった．
Uchida et al. (2016)を改変．

都市環境に適応した生物種が持つ面白い特徴の1つに「人慣れ」がある．われわれ人間とは異なり，野生生物からみた都市は，外敵となりうる生物（人間）がたくさんいる環境である．したがって，こうした環境で生き抜くためには，人間に対して慣れる（恐れなくなる）必要がある．野生生物の人慣れの程度を測る1つの指標として「逃避開始距離（FID：flight initiation distance)」というものがある．これは人間が野生生物に近づいたときに，生物が逃げ出さない最小の距離のことである．一般的に，都市に生息する哺乳類や鳥類は，このFIDが小さい．たとえば，北海道大学のチームが行った研究によれば，郊外に住むエゾリスには平均して17mしか近づけなかったのに対して，都市のエゾリスには6mまで近づくことができるという（Uchida et al. 2016；図2.15）．都市公園に住むハトや，ごみ置き場付近にいるカラスは人が近づいてもまったく逃げる様子がないが，こうした反応も「人慣れ」による都市環境への適応とみなすことができるだろう．

2.7　変わる生物同士の関係

生物は，生態系内でほかの生物種とさまざまな種間関係（捕食・被食関係，共生，寄生など）をもつが，都市化はこうした種間の関係性も変える．たとえば，都市では猛禽類や大型哺乳類などの大型（頂点）捕食者が不在であるが，こうした大型捕食者の消失はその生態系の食物連鎖の下位に位置する生物種にさまざまな影響を与える．直接的な影響としては下位の生物種に対する捕食圧の低下が，間接的な影響としては対捕食者行動の変化（消失）が挙げられる（Geffroy et al. 2015）．しかしその一方で，都市にはイエネコ（ネコ科の家畜種であるネコが野生化した個体群）という強力な捕食者がいることを忘れてはいけない．イエネコと聞いても，あまり捕食者のイメージがわかないかもしれないが，最近の研究からイエネコは都市やその周辺の生態系に大きなインパクトをもたらすことがわかっている．アメリカで行われた研究によれば，毎年，多くの野生の鳥や哺乳類がイエネコによって殺されており，その数は鳥が14億〜37億羽，哺乳類が69億〜207億匹にのぼると推定されている（このうち3分の1がイエネコによって捕殺されているという）（Loss et al. 2013）．

都市化は，植物の送粉者を減少させることもある．都市化による送粉者の減少は種子生産の減少や自殖率（生産された種子のうち自家花粉でできた種子の割合）の増加をもたらす．神戸大学のチームが阪神地区においてツユクサ（*Commelina communis*）を対象に行った研究によれば，郊外と比べて都市部では，ツユクサへの送粉者の訪花頻度が低くなり，種子生産量が低下することがわかっている（Ushimaru et al. 2014）．また，都市部では葯（やく）と柱頭が近くなり，雄花の割合が少ないなど自殖を促進する形質がみられ，都市化が花形質の進化をもたらす可能性が示唆されている．ここで挙げた種間関係はあくまで一例であり，このほかにも都市化は寄生や競争などさまざまなタイプの種間関係に影響を与えているだろう．

2.8　外来種の侵入

最後に，都市生態系の最大の特徴である外来種にふれたいと思う．人間活動や人・物資の移動が活発な都市では，必然的に外来種の侵入が多くなる．事実，都市はほかの自然生態系と比べて，外来種の数が桁違いに多い．世界の外来生物の分布をみてみると，東京やニューヨーク，シアトル，シドニー，その他欧州の都市できわめて高くなっていることがわかる．都市への外来種の侵入には，①意図的な持ち込み（ペットや庭木，植栽，農園の作物生産など），②非意図的な持ち込み（人や車への付着など），③生物自身の能力による拡大，の３つのパターンがあるが，多くの外来種は１つ目の侵入経路を経て広がっている．

都市に集積した外来種は，人の移動や物資の移動を介してほかの地域へ拡大していく．つまり，都市は外来種が集まる場所（シンク）としてだけではなく，新たな供給源（ソース）としても機能しているのだ．実際に，外来種の分布は都市を中心に拡大することが多い．たとえば，世界自然遺産に登録されている知床（しれとこ）国立公園内の外来植物種の分布パターンを調べた研究によれば，外来種は都市に近い場所ほど種数が多くなり，都市への距離と外来生物種数は負の関係となることが報告されている（Okimura et al. 2016）．一方で，在来種では都市に近いほど種数が少なくなることもわかっており，両者の間には競争が起きていることが示唆されている．こうした外来種の拡大は，「生物相の均質化（biotic homogenization)」をもたらすことから，生物多様性保全上大きな問題を引き起こす．生物相の均質化とは，環境の人為改変に伴い，地域固有の種が減り，それらが外来種に置き換わり，地域間で生物種の構成が均一になることをいい，世界的な生物多様性減少の主要因として認識されている（McKinney 2006）.

2.9　都市に隠された生息地

生物多様性の保全というと，自然保護区や緑地などの比較的良質な環境が注目されることが多い．しかし都市生態系においては，従来は生き物の生息地として考えられてこなかった（人間によってつくり上げられた）意外な場所が重要な生息地としての機能をもつことがある．たとえば，ゴルフ場や墓地，庭や道路脇の植栽，建物の隙間などである（図2.16）．ここで，著者らが札幌市で行った研究を紹介しよう．この研究では，札幌市全域の建物隙間（ビルや建物の間

図2.16　都市において人間によってつくり上げられた生態系の例.
都市景観にあるゴルフ場（A）や屋上緑化（B），道路脇の植栽（C），庭園（D）などには，意外にも多くの生き物が生息している.
写真：Pixabay.

の隙間空間）におけるシダ植物の分布を調べた（Kajihara et al. 2016）．建物隙間は，地域や社会経済学的な状況にかかわらずどの都市にも広く存在する環境であり，とくに地震頻発国である日本においては，防災の点から設置が義務付けられているケースも多い．実際に札幌市の場合，市内の建物隙間は約 1400 ha ほどにもなり，これは市内の総緑地面積の約 6 割に相当する（Kajihara et al. 2016）．2013 年の夏に市内 2000 か所を超える建物隙間でシダ植物の調査を行ったところ，10 科 29 種のシダ植物を発見した．ちなみに，札幌市全域には 90 種のシダ植物が生息しているため，約 3 割の種が建物隙間でみられたということになる．驚くべきことはその種構成である．この研究で発見された 29 種のうち，スギナ，クサソテツ，オシダ，ヘビノネコザを除く 25 種が，本来

図 2.17　札幌市内にある建物隙間の分布とそこに生息するシダ植物．
札幌市には，コケで覆われた湿度の高いところ（A）や比較的乾燥している隙間（B）までさまざまな条件の建物隙間がある．（A）のように条件のよい建物隙間にはオシダ（*Dryopteris crassirhizoma*）が生息し，（C）のような森林性，ヘビノネゴザ（*Athyrium yokoscense*）（D）のような湿性の種も生息している．
撮影：梶原一光．

は森林を生息地とする森林性種であったのだ．たしかに，一般的に建物隙間は，薄暗く，適度な湿度もあり，森林（林床）環境と類似しているため，森林性の種にとっては生息に適した環境なのかもしれない（図2.17）．この研究結果は，都市にはわれわれがまだ認識していない新しい生息地（ハビタット）が数多く眠っていることを意味している．

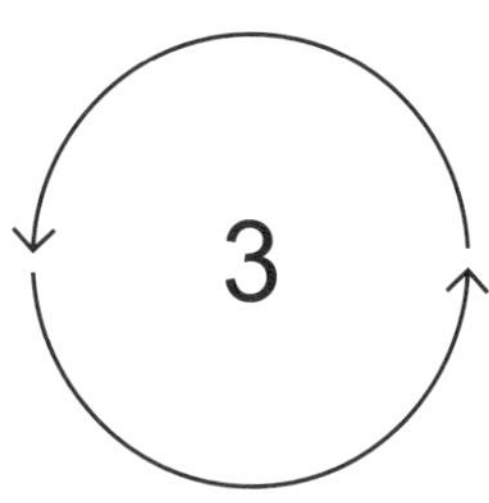

都市における人と自然との関わり合い

都市住民は，日常生活の中でさまざまな形で自然と関わり合っている（図3.1）．休日に訪れる近所の公園，通勤・通学の途中に目にする街路樹，家の外

図 3.1　都市におけるさまざまな人と自然との関わり合い．
都市住民は日常生活の中で，緑地で散策したり（A），街中の移動中に緑を見たり（B），窓から木々を眺めたり（C），公園で動物に餌をやったり（D），さまざまな形で自然と関わり合っている．
写真：Pixabay．

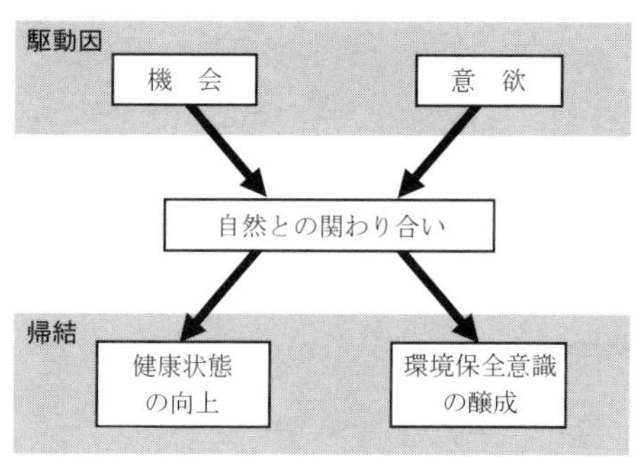

図3.2　人と自然との関わり合いの駆動因と帰結．都市における人と自然との関わり合いは，大きく自然と関わる「機会」と「意欲」によって引き起こされている．こうした自然との関わり合いは人の健康維持・促進と環境保全意識の醸成に貢献している．

から聞こえる鳥や虫の声，犬の散歩コースとして使っている緑道など，挙げればきりがない．本章では，こうした都市における人と自然との関わり合いの成り立ちやダイナミクス，その意義について考えていきたい．具体的には，①人と自然との関わり合いを駆動する要因と，②それらの関わり合いが人間と生態系にもたらす影響の2つについて説明する（図3.2）．

3.1　都市で「人と自然との関わり合い」を考える意味

都市において「人と自然との関わり合い」のダイナミクスを体系的に理解することの意義は，大きく2つある．1つ目は，自然と関わることは人間の健康にとってさまざまなメリットをもたらすことがわかってきた点である（Keniger et al. 2013, Hartig et al. 2014）．近年，都市住民の間で蔓延する生活習慣病や精神疾患が大きな社会問題となっているが，自然との関わり合いはこうした課題の解決に大きく貢献するといわれている（Hartig et al. 2014）．自然がもたらす健康上の便益を活用するためには，人と自然との関わり合いに関する体系的な知見が欠かせないだろう．2つ目の理由は，人と自然との関わり合いが急速に失われていることが明るみに出てきた点である（Miller 2005, Soga and Gaston 2016）．多くの先進国において人々の自然体験が大きく減っているが（Soga and Gaston 2016），こうした社会の「自然離れ」は，長期的な自然環境保全を達成するうえで非常に深刻な問題だといわれている．なぜなら，人と自然との関わり合いの衰退は，人々の自然に対する興味・関心を低下させ，ゆくゆくは社会の保全意識を低下させうるためである（Soga and Gaston 2016）．そのため，都市において人と自然との関わり合いのダイナミクスを理解し，それらを適切に管理することは，人の健康だけではなく，生態系保全の観点からみても重要なのである．

3.2 自然との関わり合いの程度を決めるもの

(1) 自然と関わる「機会」

自然との関わり合いの程度は，人によって大きく異なる．毎日緑地や公園を訪れる人もいれば，年に1，2回しか訪れない人もいるだろう．では，こうした自然との関わり合いの程度の違いは何で決まっているのだろうか．一般に，自然との関わり合いは大きく2つの要因に影響される（Soga and Gaston 2016）．1つ目は，自然と関わる「機会（opportunity）」である（図3.2）．ここでいう機会とは，身近な緑地や野生生物など自然との関わりの対象となる場所や生き物をさす．当然，こうした「機会」が多い地域に住む人ほど，日常生活における自然との関わり合いの頻度は多くなる（Soga et al. 2015）．自然と関わる「機

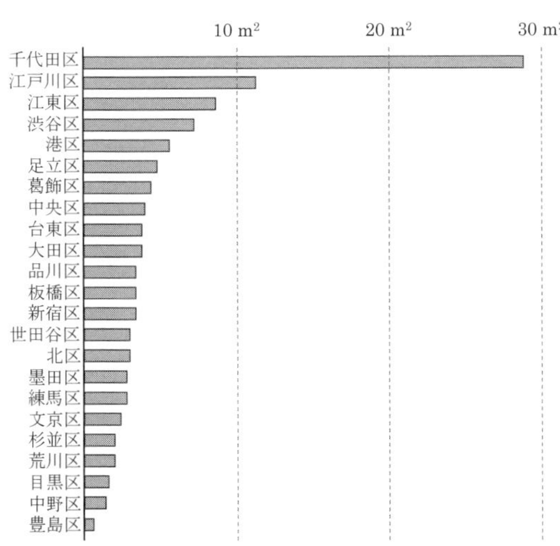

図 3.3 東京 23 区における人口 1 人あたりの公園面積．
2017 年の東京都建設局のデータをもとに算出．

会」の量は地域によって大きく異なる．たとえば東京23区の場合，住民1人あたりの公園面積は千代田区でもっとも大きく（28.3 m^2），豊島区でもっとも小さくなっており（0.7 m^2），その差は約40倍にもなる（図3.3）．もう少しスケールを大きくして都市間の比較をしてみると，東京23区内の1人あたりの緑地面積は4.3 m^2 であるが，ソウルは11.3 m^2，ストックホルムは80 m^2 であり，これらの都市には，それぞれ東京のおよそ3倍，19倍の「機会」があるということになる．もちろん「1人あたりの緑地面積」というのは単純な指標ではあるが，こうしたデータは都市住民の自然と関わる機会の分布を理解する上で重要なデータであろう．

当然のことながら，自然と関わる「機会」は都市化とともに減少する．少し古いデータになるが，「東京の自然史研究会」が行った面白い研究を紹介しよう．この研究では，都内で子供が屋外で遊べる空間（雑木林や田畑の道など）がどのように変遷していたのかを調べた（品田 1974）．その結果，東京都における子供の自然遊び空間は昭和中期に大きく減少し，その減少の程度は，23区から郊外（西部）にかけて，市街地化の進行と重なるように進むことがわかった（図3.4）．興味深いことに，そうした遊び空間の減少と都市化の関係は線形（直

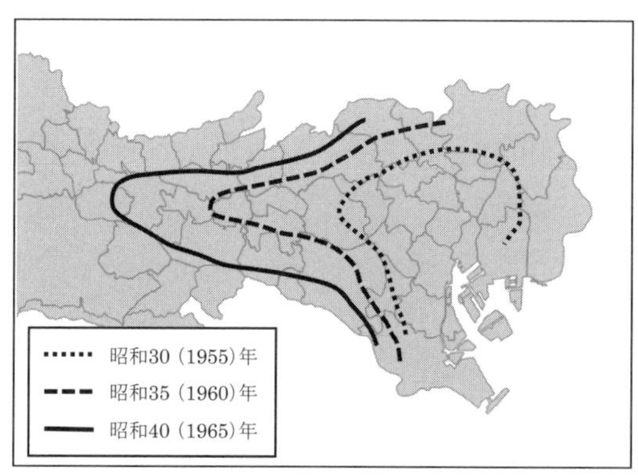

図3.4　昭和中期の東京都における屋外遊びの空間の退行曲線．曲線の内側では遊び空間が失われ，そうした空間はほとんどみられなかったことを表す．子供の遊び空間の減少は，23区から郊外にかけて進んだことが理解できる．
品田（1974）を改変．

線的）ではなく，非線形の関係になるという．具体的には，地域の人口密度が5000人/km²（現在の東京都稲城市や武蔵村山市周辺が該当する）を超えた周辺で，子供の遊び空間は急激に減少するという．

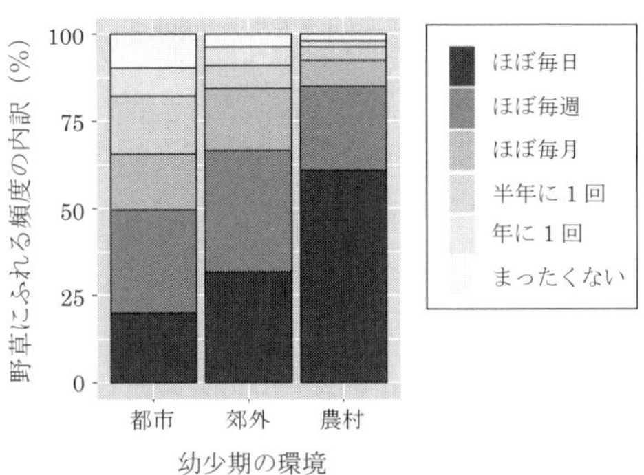

図 3.5　日本における，幼少期に過ごした環境と野草との関わり合いの関係．
幼少期を都市で過ごした人は，田舎や郊外で過ごした人よりも，野草を近くで観察したり摘んだりした経験が少ない．
Soga et al.（2018）を改変．

都市化は，多様な生き物と関わる機会も減少させている．2017年に東京大学が全国1000人以上を対象に行ったアンケート調査によれば，農村部出身の人に比べて，都市部出身の人は幼少期に野草にふれた頻度が著しく低いことがわかっている（Soga et al. 2018；図 3.5）．興味深いことに，こうした野草との関わり合いの減少は，カワラナデシコやノアザミなど都市化に敏感な種で顕著であった．このことは，現在，都市に住む多くの人々が，普通種（都市を含めた多くの地域で普遍的にみられる種）と呼ばれる生物種の体験しかもっておらず，都市以外の場所に生息する種との関わり合いが薄れていることを意味している．都市化は，地域に生息する生物多様性を均質化するだけでなく，人と生物多様性の関わり合いの多様性をも単純化させるのだろう．

(2)　自然と関わる「意欲」

人と自然との関わり合いの程度は，自然と関わる「機会」によって決まるところが大きいが，必ずしも「機会」だけで説明できるわけではない．むしろ，「機会」だけでは説明できないことのほうが多い．実際に，自然が豊富な（機会が豊富に残されている）地域に住んでいる人でもほとんど自然と関わらない人もいるだろうし，あまり自然が残されていない都市部に住んでいても毎日のように自然と関わっている人がいる（Soga et al. 2018）．こうした「機会」では説明できない人と自然との関わり合いのパターンは，自然と関わる「意欲」で説明できる（Soga and Gaston 2016；図3.2）．たとえ「機会」がなくとも「意欲」があれば人は自然とふれあうし，その逆もまた然りである．ちなみにここでいう「自然と関わる意欲」とは，自然そのものに対する興味や関心，親近感，または自然体験に対するモチベーションの高さをさす．

現在社会は子供が自然と関わる意欲を低下させるものであふれかえっている．テレビやパソコン，スマートフォンなどのスクリーン型の情報媒体とそれらを用いた娯楽の普及は，自然への関心を低下させる主要因だと指摘されている（Soga and Gaston 2016）．実際に，2006年にアメリカの研究者が同国内の国立公園利用者数のデータ（1人あたりの公園利用回数）を解析したところ，過去16年間にアメリカでみられた公園利用頻度の減少は，ビデオゲームや映画，インターネットの利用時間の増加の程度でうまく説明できたという（Pergams and Zaradic 2006）．つまり彼らの研究結果は，これまで人々が自然体験（国立公園の訪問）に使っていた余暇の時間が，屋内のスクリーンに移行したことを示している．社会生物学の大家であるウィルソン（E. O. Wilson）はかつて，人間は本来的に「自然愛（自然を慈しむ感情のことで，バイオフィリアとも呼ばれる）」をもっていることを提唱したが，現在の子供は自然愛よりも，「テレビ愛」をより強くもっているのかもしれない．子供の自然体験意欲を低下させる要因としては，このほかにも，自然遊びに対する親の安全面での懸念（誘拐や交通事故，スズメバチなどの危険生物との遭遇など），生き物嫌いの親の増加，習い事の時間の増加などが考えられる．

緑地面積で測れる「機会」とは違い，自然と関わる「意欲」を客観的に測ることは難しい．そのため，「機会」と比べて，「意欲」がどれくらい人と自然との関わり合いに影響するのかについては，実際のところよくわかっていない．最近では環境心理学の分野で，自然に対する親近感の高さを測るような指標がいくつか開発されており，それらを使った「意欲」の評価が行われている．ここで，著者らが栃木県の小学生を対象に行った研究を紹介しよう．この研究では，栃木県内の45か所の公立小学校に通う計5402人の小学生を対象とした大規模アンケート調査を行い，自然と関わる「機会」と「意欲」が小学生の日常生活における自然体験頻度に与える影響を調べた（Soga et al. 2018）．「機会」の指標としては小学校周辺の都市化度を，「意欲」の指標としては①自然に対

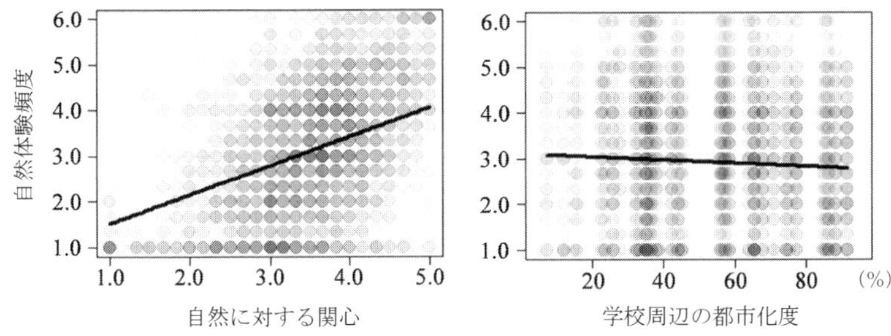

図 3.6 栃木県において子供の自然体験を決める要因.
県内 45 か所の公立小学校に通う 5402 人を対象としたアンケート調査の結果，子供の自然体験の頻度は，学校周辺の都市化度（＝機会）とは関連性が薄く，自然に対する関心（＝意欲）との関連性が強いことがわかった.
Soga et al. (2018) を改変.

する関心の高さと②子供の自然体験に対する保護者の態度を用いた．解析の結果，栃木県の小学生の自然体験頻度は，「機会」ではなく，おもに「意欲」によって決まることが示された（図 3.6）．具体的には，自然に対する親近感が高い子供や，子供の自然体験に対してポジティブな態度を示す家庭（自然体験を勧め，一緒に公園などに行く親がいる家庭）で育った子供ほど，日常的な自然体験の頻度が増えることがわかった．この研究結果は，人と自然との関わり合いの程度を決める上で，「意欲」がいかに重要な働きをもつかを示している．このことは，①子供の自然体験を増やすためには，「機会」だけではなく，「意欲」を増やすことが肝要である点と，②たとえ都市のような自然と関わる機会が少ない環境であっても，「意欲」さえ増やせれば子供の自然との関わり合いは増やすことができるという 2 つの重要なメッセージを示している．

3.3 自然との関わり合いと健康の関係

自然との関わり合いは，人にさまざまな健康上のメリットをもたらす（図 3.7）．たとえば，自宅の窓から街路樹を眺めたり，鳥や虫の鳴き声を聞いたりすることは精神的な癒し（リラックス効果）をもたらすし，緑地や林を散策することは，身体の健康に寄与するだろう．都市の自然がもつ健康促進効果については，

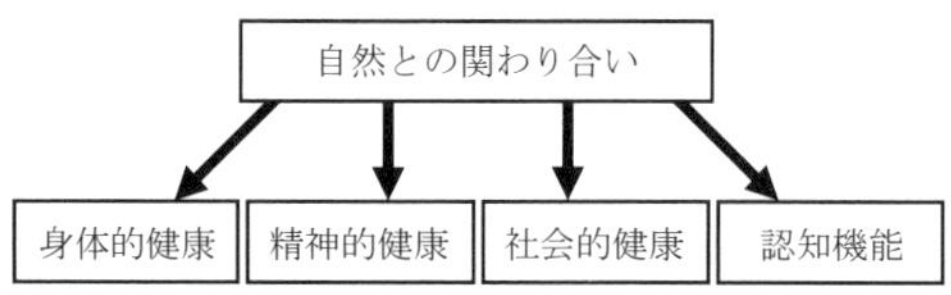

図3.7 自然との関わり合いが人にもたらすさまざまな健康効果.
日常的な自然との関わり合いは，身体的健康，精神的健康，社会的健康，認知機能の向上をもたらすことがわかっている.

これまで疲労回復やストレス低下，リラックス効果など一時的な効用がよく報告されていたが，最近の研究から日常的な自然との関わり合いは肥満や高血圧，うつ病の発症率を低下させるなど，長期的な健康維持・促進にも寄与することがわかっている．そのため最近では，予防医学（病気になった後にそれを治療するのではなく，あらかじめ病気を防ぎ健康を維持するという考えかた）の観点から，日常的な自然との関わり合いの価値が見直されている．ここでは，自然と関わることによる健康効果を，大きく4つの面（精神面での健康，身体面での健康，社会面での健康，認知機能）から考えてみたい（図3.7).

(1) 精 神 面

ここ数年，海外を中心に，都市の自然が人間の精神的健康（メンタルヘルス）に与える影響がさかんに研究されている．都市緑地・公園を訪れることで，精神疲労が癒されたり，自分に肯定的になったり，生きる活力が養われることが明らかになっている．2015年にアメリカ・スタンフォード大学が発表した論文によれば，緑地の中を1時間程度歩くことで，人間の脳の前頭前野皮質（病的反芻と関連するとされる脳の部位）への血流が減少し，活動が低下し，精神状態が改善する（後ろ向きの気持ちが減少する）という（Bratman et al. 2015；図3.8)．情報や刺激，ストレスにあふれている都市で生活する現代人にとって，日常生活でのちょっとした自然体験は，文字どおり「一服の清涼剤」として機能しているのであろう.

こうした都市の自然がもたらすメンタルヘルスへのよい効果は，屋外だけではなく，屋内にいても享受できるという．たとえば，家の窓から街路樹や緑地

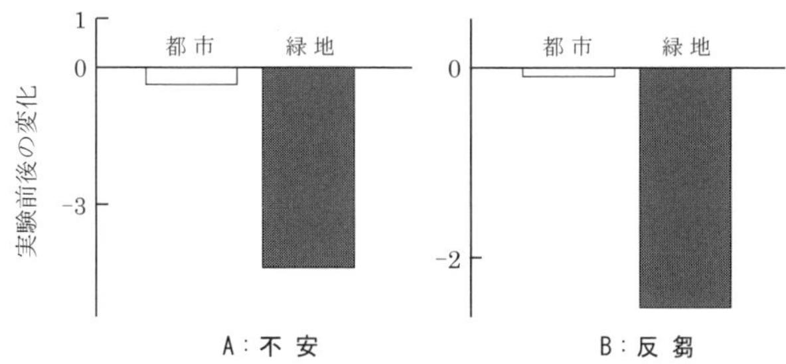

図3.8　緑環境に滞在することが人の精神状態に与える影響．
緑地を1時間程度散策したグループと，都市環境にいたグループの人々を対象に，実験前後でのネガティブな心理状態（A：不安，B：反芻）を聞き取った結果，緑地を散策したグループではネガティブな心理状態が減少することがわかった．
Bratman et al.（2015）を改変．

の木々を眺めるだけでも，人のメンタルヘルスが向上することがわかっている．1984年に，デラウェア大学の行動科学者であったウルリッヒ（R. Ulrich）は，ある1つの有名な実験を行った（Ulrich 1984）．この実験で彼は，同じ病院で胆嚢手術を受けた人々の術後の回復過程を記録し，術後回復と窓からの眺めの関係を調べた．具体的には，被験者を病室の窓から「緑地が見えるグループ」と「赤レンガの壁が見えるグループ」に分けて，2つのグループで患者の行動にどのような違いが生まれるのかを検証した．結果は非常に劇的であった．屋外の眺めが緑地だった人は，赤レンガを見ていた人と比べて，短い入院期間で退院でき，手術後の苦情が少なく，麻薬の代わりにアスピリンで自身の痛みを抑えることができたという．「術後」というのはやや極端な例かもしれないが，このほかにも，私たちが無意識のうちに窓から眺めている緑は，生活の質や幸福感などさまざまなメンタルヘルスに貢献していることが，最近の研究からわかっている．

自然との関わり合いがもつメンタルヘルス効果は，視覚（窓から見える緑）だけではなく，聴覚を通しても感じることができるという．2017年にイギリス・エクセター大学の研究グループは，大規模なアンケート調査と自然環境調査を行い，家の周囲にあるさまざまな自然的要素が人間のメンタルヘルスに与える影響を調べた（Cox et al. 2017）．その結果，都市住民の抑うつ（気分が落ち込んで活動を嫌っている状況）のレベルが，居住地周辺の緑地の量だけでなく，「小鳥（鳴き鳥）の数の豊富さ」と負の関係にあることを見出した．この結果は，家のまわりにいる鳥を眺めたり，そのさえずりを聴いたりすることが，都市住民の心の健康にポジティブな影響をもたらすことを示している（イギリスでは，多くの人がバードウォッチングや鳥への餌やりを趣味の一環として行っている（図3.9））．日本の場合，秋になるとスズムシやコオロギが美しい音色を聞かせてくれるが，ひょっとしたら彼らの鳴き声にも何か「癒し」に関する貢献があるのかもしれない．

図3.9　都市の庭における鳥の餌付け．
イギリスでは自宅の庭での餌付けが一般的に行われており，多くの都市住民が餌付けを通して野鳥と関わり合っている（写真はイギリスの庭では普通にみられるヨーロッパコマドリ（*Erithacus rubecula*））．こうした餌付けは，鳥の食物資源が少ない季節の代替資源を提供するという点ではポジティブにとらえることもできるが，病気を蔓延させる恐れがあるため否定的にとらえられることも多い．
写真：Pixabay.

自然との関わり合いとメンタルヘルスの関係は，その因果関係が不明な部分も多いが，徐々にそのメカニズムがわかりつつある．最近，海外の研究者が3D磁気共鳴画像法（MRI）を使って自然体験と脳の活動の関係を調べたところ，森林で一定時間過ごした人の脳は，市街地で過ごした人の脳と比べて，前頭前野皮質内の活動が低下することがわかった（Bratman et al. 2015）．この前頭前野皮質は，うつ病との関連性があることがわかっているため（うつ病患者の脳は，左前頭前野の機能が低下するという），このことが自然体験とうつ病の関係性を決めていると考えられる．最近の医学技術・研究の進展を考えると，自然体験と健康の関係のメカニズムが解明される日はそう遠くないだろう．

(2)　身　体　面

日常的に自然と関わり合うことは，肥満や高血圧，糖尿病，循環器系疾患などの発症を抑える効果があることがわかっている．2015年にシカゴ大学の研究チームは，カナダのトロント市内の街路樹（53万本）の分布データと，3万人を超える住民を対象にしたアンケート結果（健康状態の自己評価や循環器・代謝性疾患リスク，精神疾患の度合いを聞き取った）を分析した（Kardan et al. 2015）．その結果，街路樹が1街区あたり10本増えると，健康状態の自己評価が向上し，世帯年収が1万ドル増加する，あるいは7歳若返るのと同等の効果があることがわかった．同じく1街区あたり11本の街路樹が増えると，その地区の住民の循環器・代謝性疾患（心臓病，糖尿病，肥満など）のリスクが低下し，健康状態の自己評価は顕著に増加したという．

同様に，オーストラリア・クイーンズランド大学の研究チームは最近，ブリズベンの居住者約1000人を対象としたアンケート調査を実施し，緑地の利用頻度や利用時間が多い人ほど，高血圧の割合が低く，抑うつ症状の割合が低いことを突き止めた（Shanahan et al. 2016；図3.10）．彼らの試算によれば，1週間に30分以上緑地に訪問することで，抑うつ症状と高血圧の罹患率をそれぞれ7%，9%減少させることができるという．多くの先進国では，これらの病気に毎年多額の医療費が使われていることを考えると，都市の自然は自治体の医療費削減に大きく貢献できるかもしれない．たとえばわが国の場合，うつ病患者数（躁うつ病を含む）は年間100万人を超えるともいわれ，社会的な経済損失は2兆円，うつ病休職者による経済損失は8000億円という見積もりもある．

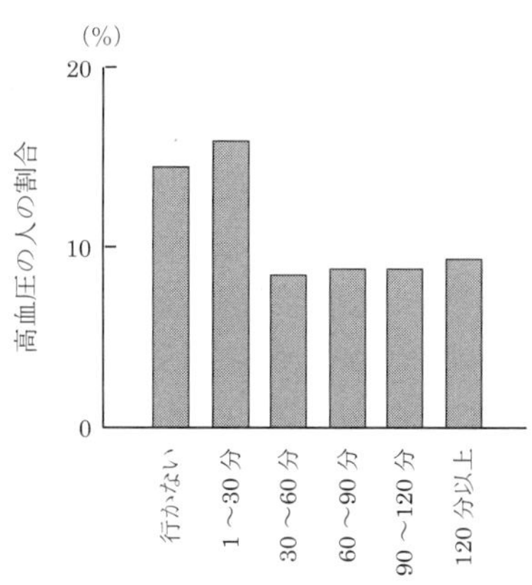

図3.10　都市緑地の利用と血圧の関係．オーストラリア・ブリズベンにおける大規模アンケート調査の結果，都市緑地を週に30分以上利用する人では高血圧が少ないことが明らかとなっている．Shanahan et al.（2016）を改変．

自然体験と身体の健康の関係のメカニズムを語る上で忘れてはいけない有名な話があるので，ここで紹介しよう．ここ最近，都市に住む人々を中心に，アトピー性皮膚炎などのアレルギー疾患が増えており，現在，約2割の人が何らかのアレルギー症状をもっているという．その原因として最近注目されているのが，「現代人は微生物にふれる機会が減ったこと

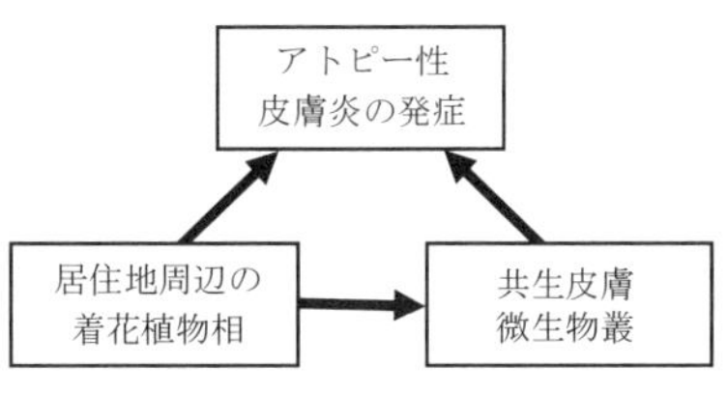

図3.11　生物多様性仮説の概念図.
この仮説は，多様な植物が生えている田舎に住むことで皮膚上の共生微生物叢が多様になり，その結果アトピー性皮膚炎を発症しづらくなるという考えに基づいている.
Hanski et al.（2012）を改変.

で体内の免疫系に異常をきたし，アレルギーを引き起こしている」という考えである．この仮説は「衛生仮説（hygiene hypothesis)」と呼ばれ，イギリスのストラチャン（D. P. Strachan）によって最初に提唱された．その後，この仮説を支持する研究結果がたくさん報告され，最近では「生物多様性仮説」とまでいわれ始めている．実際に，2015年にフィンランド大学のグループが行った研究によれば，多様な植物が生息している田舎で生活している青年ほど，皮膚の微生物叢が多様になり，その結果，免疫応答が改善してアトピー性皮膚炎を発症しづらくなることが示された（Hanski et al. 2012；図3.11).

コラム2　木が枯れると人も死ぬ

都市の自然と健康に関しては，1つの興味深い話がある．ことの発端は米国で2002年に発見された，トネリコの木に穴を開けるアオナガタマムシという外来の昆虫である．もともとこの虫は，ロシア，中国，台湾，韓国，日本に生息しており，アメリカでは確認されていなかった．しかし2000年代以降，北米ではこのアオナガタマムシの分布が拡大し，多くの街路樹が食害の被害を受け，枯死した．こうした状況の中，アメリカ農務省森林局は，枯死木の分布データと人の健康データを用い，街路樹の枯死が人間の健康にどのような影響を与えたのかを分析した．すると驚くべきことに，街路樹の枯死が進んだ地域では心臓病や呼吸器疾患による住民の死亡率が増加しており，この影響はアオナガタマムシによる街路樹の荒廃が進むごとに大きくなることがわかった．彼らの試算によれば，アオナガタマムシは，呼吸器系疾患による死者6113人，循環器系疾患による死者1万5080人を引き起こしたとされている．この話は，街路樹を都市の中で維持することが私たちの健康，ひいては生命維持にとっていかに重要であるかを物語っている．

(3) 社　会　面

自然との関わり合いは，心身の健康だけではなく，健全な社会（コミュニティ）形成にも貢献する．たとえば，普段から緑地へよく訪問する人は，まったく訪問しない人と比べて，地域社会に対する連帯感・信頼感が強く，孤独な感情をもちにくくなることがわかっている（Shanahan et al. 2016；図 3.12）．都市緑地や公園は，地域の人々が顔を合わせたり，集まったりする場として機能しており，その結果，地域コミュニティの連帯感を高めているのだろう．こうした社会面での健康状態の向上は，地域住民の精神的健康を向上させるだけではなく，地域の犯罪率の減少にも貢献する点において，地域社会にとって重要な意味をもつ（Weinstein et al. 2015）．

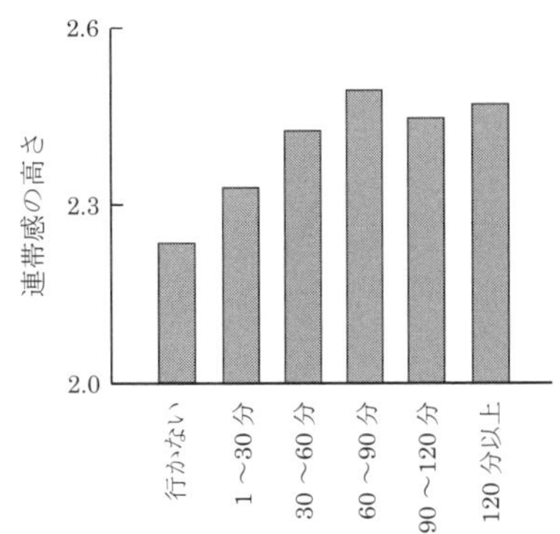

図 3.12　自然との関わり合いと社会の連帯感の関係．
オーストラリア・ブリズベンにおける大規模アンケート調査の結果，都市緑地を週に 30 分以上利用する人では地域社会との連帯感が高いことが明らかとなっている．
Shanahan et al.（2016）を改変．

(4) 認知機能

自然と接することは，人々の認知機能（記憶，思考，計算などの知的な能力）にもよい影響をもたらすことがわかっている．2008 年にアメリカ・ミシガン大学の研究チームが行った心理実験では，緑地に一定時間滞在した人は，そうでない人と比べて，数唱課題（集中力や短期記憶力を測る課題）を行った際に実験前後でのスコアの伸びがより大きいことが報告されている（Berman et al. 2008；図 3.13）．ミシガン大学のレイチェル・カプラン（R. Kaplan）が提唱した「注意回復理論（Attention Restoration Theory）」によれば，森や林など自然の中に身をおくことは，日常生活で酷使されている方向性注意（物事に対して向ける自発的注意）を緩和させる機能をもつとされており，このことが認知機能の一時的な向上をもたらしたと考えられる．

また最近では，子供の認知機能の発達の面からも，都市における自然との関

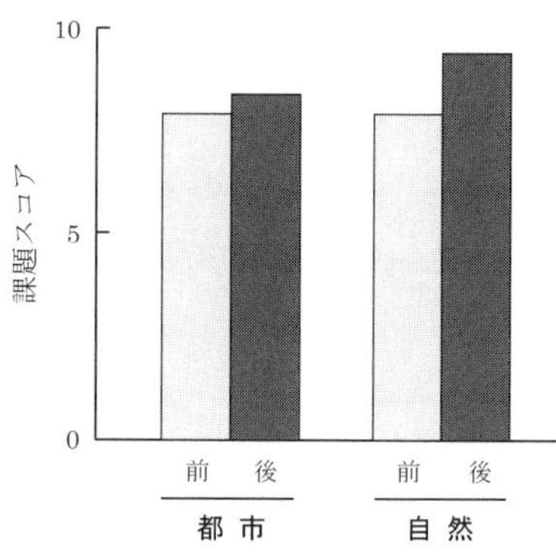

図3.13　自然との関わり合いと認知機能の関係.
自然に一定時間ふれたグループと,都市的環境にいたグループの人々を対象に心理課題（数唱課題）を行った結果,自然と関わった人は課題のスコアがより伸びることがわかった.
Bratman et al.（2015）を改変.

わり合いの重要性が認識されている．より多くの緑に囲まれて生活している子供は，そうでない子供と比べて，認知機能の発達がよりスムーズに進むというのである．スペイン・バルセロナにある環境疫学研究センターのチームは最近，長期的な自然との関わりと子供の認知能力の発達の関係を調べるために，大規模なコホート調査（対象集団を一定期間追跡し，追跡開始時の健康状態や生活習慣と追跡期間中に発症した疾病などとの関連を調べる疫学調査の手法）を実施した（Dadvand et al. 2017）．その結果，小学校入学前・低学年のころに住んでいる環境の緑の豊富さが，子供の認知能力の発達に正の効果をもたらすことがわかった．このほかにも，学校周辺の緑の豊富さが，子供の学業成績に正の影響を及ぼすことを示すエビデンスも最近になって続々と出始めている（Hodson and Sander 2017）．

3.4　自然との関わり合いと生物多様性保全の関係

自然との関わり合いは，健康促進だけではなく，自然に対する興味や関心，自然環境保全に対する態度や行動を向上させることがわかっている（Soga and Gaston 2016；図3.2）．都市部で育った子供に比べて，郊外や田舎育ちの子供は自然に対する興味や愛着心が高く，結果として自然環境を守る意欲も高いという（Zhang et al. 2014）．また，日常生活において自然とよく関わる人は，自然がもつさまざまな価値をより認識し（Soga et al. 2016），リサイクルや環境保全に対する寄付活動といった環境配慮行動に積極的であるという報告もある

(Collado et al. 2015). 自然環境の保全には，一般市民による社会・経済的支援が不可欠であることを考えると，こうした経験の消失に伴う社会の環境配慮意識・行動の変化は，長期的な環境保全に重大な影響をもたらすだろう．

現在，自然との関わり合いと環境保全の関係について盛んに議論がされているが，実際のところ，自然体験と環境保全意識・行動の関係については不明な点も多い．たとえば，人々の環境保全意識が形づくられる過程で，どの時期のどのような自然体験がとくに大きな影響をもつのか，といった点はあまりわかっていない．ここでは，2014年に国立環境研究所と日本自然保護協会が実施した研究を紹介しながら，幼少期の自然体験の重要性に注目したい．この研究では，保全行動をしている市民（保全活動団体の所属者）と保全行動をしていない一般市民の間で，環境保全に対する意識（今後，何らかの保全活動に参加したいと思うか）や幼少期に経験した自然体験がどれほど異なるのかを調べた．その結果，保全行動をしている人のうち，今後，保全行動をしたいと回答した人は7割だった一方，行動していない市民の賛同率は2割と，両者の間で環境保全に対する意識に大きな差がみられた．次に，回答者が幼少期（3～12歳くらいまで）にどのような環境で過ごしたのかをたずねたところ，保全行動をしている人のほうがより多くの種類の自然環境とふれあっており，より多くの自然遊びや体験をしていたことがわかった（曽我ほか 2016；図3.14）．この研究結果は，人の環境保全意識の形成に幼少期の自然体験がいかに重要かを物語っている．したがって，現代の子供たちに「生き物をつかまえる」「野山で過ごす」といった体

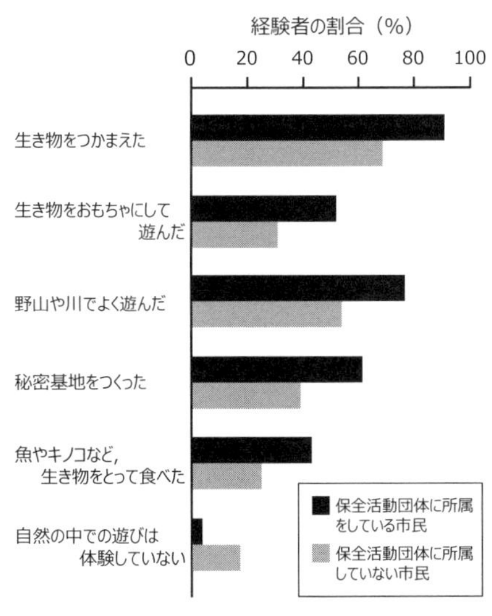

図3.14　幼少期の自然体験と環境保全行動の関係．保全活動団体の所属者とそうでない一般市民の間で幼少期に経験した自然体験を比べた結果，団体所属者の方がより多くの種類の自然体験をしていた．曽我ほか（2016）より引用．

験をさせることは，彼らの健康や発育に貢献するだけでなく，自然環境保全に対する意識や規範を向上させ，将来の保全活動を支える人材を育成する上で重要な意味をもつといえよう．

3.5　「経験の消失」スパイラル

人と自然との関わり合いの重要性が明らかになる一方で，それらの関わり合いは，現在，大きく失われている．実際に，日本を含むさまざまな先進国において，人と自然との関わり合いの程度がここ数十年の間に一貫して減少傾向にあることがわかっている（Soga and Gaston 2016；図3.15）．今からおよそ20年前，アメリカの蝶類学者であったパイル（R. M. Pyle）は，現代人が日常生活で自然とふれあわなくなっている現象を「経験の消失（extinction of experi-cncc）」と名付けた（Pyle 1993）．彼は，経験の消失は，人が自然から恵みを受ける機会を失わせるだけでなく，社会の自然環境に対する保全意識を大きく衰退させる危険があることを指摘した．自身の回顧録である『*The Thunder Trees*』の中で彼は，コロラド州の郊外で過ごした幼少期を回想し，身近な自

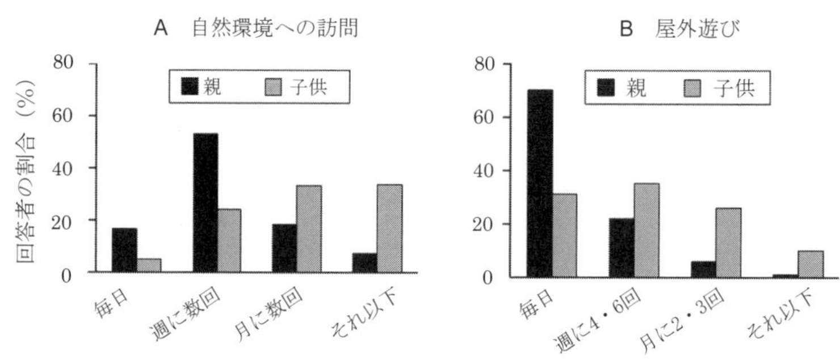

図3.15　人と自然との関わり合いの減少を示すデータ．
イギリスで行われた大規模アンケート調査によれば，現在の子供は彼らの親が子供時代だったころよりも自然環境に訪問しなくなっていることがわかっている（A）．同じくアメリカでは，現在の子供は親世代と比べて屋外遊びをしなくなっていることがわかっている（B）．
Soga and Gaston（2016）を改変．

然や生き物とのふれあいは，自然に対する愛着心を育む上で必須であり，それは決してテレビなどのバーチャルな体験では代替できないと述べている．上述の著書の中で彼は，「相手のことを気にかければ相手を守りたいと思うはずだが，そもそも相手を知らない人は相手を気にすらかけない（People who care conserve; people who don't know don't care）」という名言を残している．

こうした自然と関わる「経験の消失」は，近年，人の健康・発育，さらに環境保全などの面から大きく問題視されている（Soga and Gaston 2016）．しかしここで重要なのは，経験の消失は一過性の現象ではなく，世代をまたいで伝搬する危険があるという点である．実際に，経験の消失には大きく２つの種類のフィードバックが存在する（図3.16）．１つは，経験の消失がもたらした影響が，「意欲の喪失」を引き起こす連鎖経路である（図3.16）．本節で著者は，自然との関わり合いが消失することで人々の自然に対する興味や関心を低下させると述べたが，長期的に考えるとこれは次世代の自然と関わる「意欲」をも衰退させるだろう．実際に，自然や生き物に対する興味が薄い親や教師のもとで育った子供は，無意識のうちに自然に対する関心が削がれ，自然体験に対する意欲も低下することが知られている（Soga et al. 2018）．２つ目は，経験の消失の影響が，「機会の喪失」を引き起こす連鎖経路である（図3.16）．先ほど，自然との関わり合いの減少は，社会の自然に対する価値認識や保全態度を低下させる

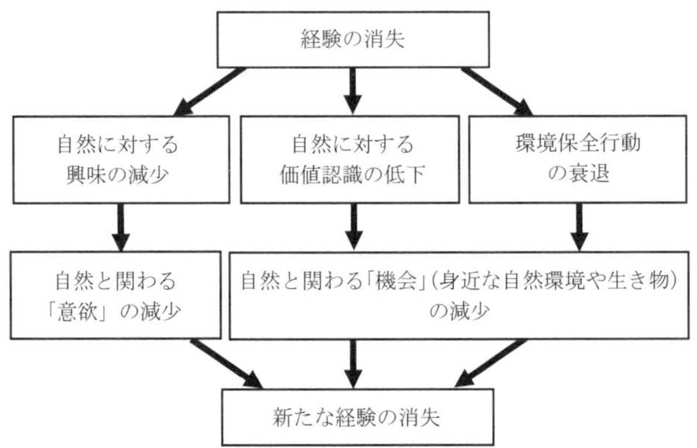

図3.16　自然と関わる経験の消失に潜む２つのフィードバック．経験の消失は，自然と関わる「機会」の減少と「意欲」の減少を通したフィードバックをもたらす．

と述べた．そのため，もしこうした環境保全意識の低下が進むと，身近な場所に自然とふれあえる環境を保全・創出しようという機運は起きづらくなるだろう．加えて，経験の消失によって社会の環境保全行動が衰退すれば，野生生物の減少などの環境破壊が進行し，より直接的に「機会」の喪失を招くだろう．こうしたフィードバックを通じて，経験の消失は気付かれぬまま，社会に蔓延していくのである．

ここで述べた「経験の消失スパイラル」という現象は，現代社会における人と自然との関わり合いのダイナミクスそのものを如実に表している．つまり，環境破壊に伴って人と自然との関わり合いが薄れ，それにより社会の環境保全意識が薄れ，さらに自然が失われていく，という流れである．それでは，人と自然の関わり合いは今後も衰退の一途を辿るのであろうか？　著者らは決してそうでないと考える．なぜなら，ここで言及した経験の消失に潜むフィードバックは，必ずしも人と自然との関わり合いを負の（関わり合いを減らす）方向性に向かわせる訳ではなく，正の（関わり合いを増やす）方向性にもっていくことも十分にできるためである．自然との関わり合いが増え，自然の価値が都市住民の中で認識されれば，身のまわりの自然環境や生物多様性の保全や再生につながり，次の世代でより多くの自然との関わり合いが生まれるかもしれない．自然との関わり合いがもたらすさまざまな健康上また環境保全上の便益を考えると，こうした人と自然の関わり合いの「正のスパイラル」を引き起こすことは，人間社会にとっても生態系にとってもポジティブな効果をもたらすだろう．そこで最後の節では，どうしたら都市において人と自然の関わり合いを増やすことができるのかについて考えてみたい．

3.6　人と自然との関わり合いの再生に向けて

(1)　機会の創出

人と自然との関わり合いの程度を決める主要因が自然と関わる「機会」であることを考えると，経験の消失を防ぐ上でもっとも有効な方法は，都市の中により多くの緑地や生き物を取り入れ，人々が自然と接する「機会」を物理的に維持・創出することであろう．事実，都市における緑環境の重要性が認識されるにつれて，いくつかの先進国では都市の中に緑地を増やす動きがみられる．たとえばオーストラリアでは，2020年までに国内の都市部の緑被率を全体で20%増加させることを目標とした「The 2020 Vision」が実施されている．こうした，先進国の都市における緑環境の向上は，「環境クズネッツ曲線（Environmental Kuznets Curve）」で説明することができるかもしれない．環境クズネッツ曲線とは，横軸に1人あたり平均所得額をとり，縦軸に環境汚染の程度をとると，1人あたりの所得増加につれて初めは汚染が増大し，一定レベルに達した後，やがて低下に転ずる逆U字型の曲線を描く曲線のことだ．この曲線が生まれる背景には，ある国や地域で所得水準が向上すると，環境規制の技術や制度が整い，人々が環境をより重視するようになるため，経済活動が活発になっても環境汚染が相対的に減少することが理由として考えられている．多くの先進国が経済発展を遂げた今，身近な緑環境や自然との関わり合いの重要性が見直されているのかもしれない．

ところで，都市に住む人の自然体験頻度は，身のまわりの緑地の「量」だけではなく，緑地の「空間配置」にも影響される．2014年に北海道大学のグループが実施した研究によれば，ひとまとまりの大きな緑地が残された景観（集約型の景観：土地スペアリング）よりも，小さな緑地が景観内に散らばっている

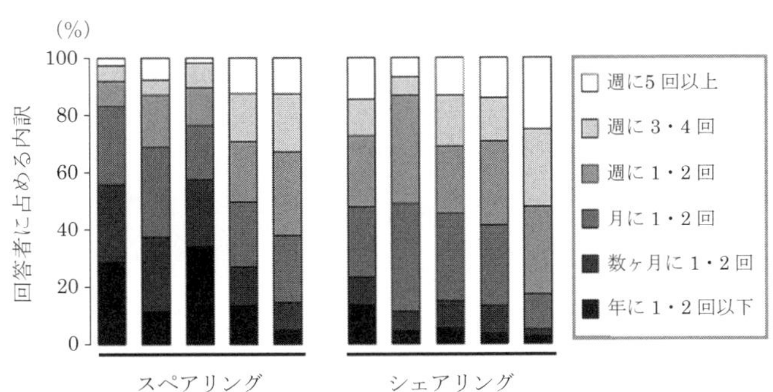

図3.17　都市の開発戦略と人と自然との関わり合いの関係．
土地スペアリングとシェアリングの地域で住民の緑地利用頻度を比べると，土地シェアリングの地域に住む住民のほうが緑地の利用頻度が高いことがわかっている．
Soga et al.（2015）を改変．

景観（分散型の景観：土地シェアリング）のほうが，都市住民の緑地利用頻度が高まることがわかっている（Soga et al. 2015；図3.17）．この背景には，分散型の景観のほうが個々の緑地へのアクセスが容易になることが関係していると考えられる．しかし，第2章でも述べたとおり，分散型の都市景観は，集約型の景観と比べて生物多様性保全機能が著しく低いということは忘れてはいけない（Soga et al. 2014）．つまり，生物多様性保全に適した都市景観と人と自然の関わり合いを増やすために適した景観は，必ずしも合致しない可能性がある．集約型の景観と分散型の景観の間でどのようにバランスをとるのかは，今後の都市計画を考える上で非常に大きな課題である．

(2)　意欲の向上

たとえ身のまわりに良質な自然環境をたくさん用意しても，人々の自然とふれあうモチベーションが低ければ，それらはあまり利用されないだろう．そのため，人と自然との関わり合いを増やしていくためには，「機会」だけではなく，人々が自発的に自然と関わりたいという「意欲」を増やすことも必要である．いわば，「機会」と「意欲」は車の両輪のようなものだ．自然と接する「意欲」を向上させるためにはいくつかの方法があるが，幼少期に自然と接する機会を与えることはもっとも効果が期待できる方法だろう．なぜなら，幼いころにど

図3.18　自然観察会で昆虫採集に興じる小学生たち（口絵4参照）．東京都府中市．著者撮影．

れだけ自然とふれあってきたかは，のちの自然観に大きな影響を及ぼすためである（Ward Thompson et al. 2008）．最近では，多くの教育機関が地域の自然を活かした課外授業や自然観察会を実施しているが（図3.18），これらの取り組みは経験の消失を防ぐという観点からみれば有意義だといえよう．

一方で，社会全体の自然と関わる「意欲」を向上させるためには，子供や教育機関だけでは限界があり，一般市民（親世代）を対象とした普及啓発も必要であろう．先ほどの研究に関しても述べたとおり，子供の自然体験には親の自然観が強く影響する．そのため，親の自然に対する興味や関心を増やすことは，子供の自然との関わり合いを向上させる上できわめて重要なのだ．こうした普及啓発のためには，たとえばインターネットやイベントなどを通して，日常的な自然体験の重要性を示すことが1つの有効な手段であろう．とくに親世代に対して子供の健康面での影響を伝えることで，子供の自然遊びに対する意識が大きく変わりうる．また今後は，社会的問題を解決し社会全体の利益増大を意識したソーシャル・マーケティング活動や企業広告を用いた普及啓発も可能となるかもしれない．

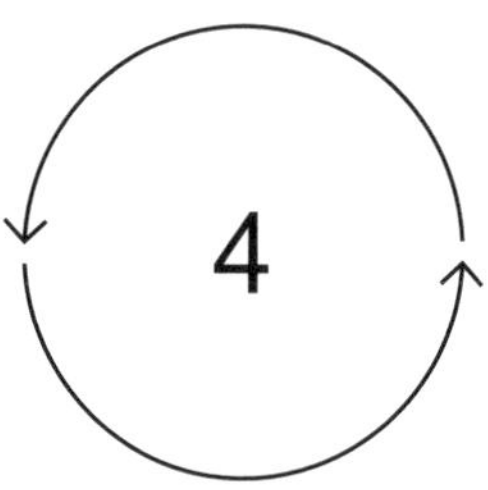

都市における自然の恵み

ここまで述べてきたように，都市住民は日常生活の中でさまざまな形で自然と関わり合っている．それでもときに，都市における自然は，都市の表面を装飾するものや贅沢品としてとらえられることがある．たしかに，第1章で述べた平安京の別荘は，ごく一部の限られた権力者だけもつことのできるものであった．また，第2章で述べた「ぜいたく効果（luxury effect）」のように，質の高い住宅地の緑地は，裕福な世帯が暮らす地域に多く分布する傾向がある．都心部でも，複合施設などを華やかに彩る植栽は，その施設の魅力を高めるため，多額の費用をかけて設置および維持管理されている．そのような事例だけをみると，都市における自然は贅沢なものとみなされるかもしれない．しかし，それは都市における自然の一面しかとらえていない．日常的に実感することは多くはないかもしれないが，都市における自然は，環境を調整するさまざまな力を有しており，大気浄化，洪水調整，微気候緩和など，さまざまなかたちで私たちの暮らしを支えている．また，都市における農地や屋敷林は，私たちに新鮮な食べものを供給する場として機能しているし，市民農園や体験農園などはレクリエーションの場にもなっている．さらに，第3章で述べたように，都市の自然と関わることは，さまざまな精神的・身体的・社会的健康にもつながる．そうした自然からもたらされるさまざまな恩恵のことを「生態系サービス（ecosystem services）」という．しかし，本書ではより親しみやすい表現として「自然の恵み」という言葉を使いたい．この章では，とくに現代の日本の都市で深く関係する「自然の恵み」について，「都市を洪水から守る」「都市の暑さを和らげる」「食・健康・暮らしを支える」の3つの観点から，それらが現在注目されている社会的な背景も交えて，具体的に述べていきたい．

4.1　都市を洪水から守る

(1)　都市型水害の発生

急峻な地形からなる日本では，大きな都市は沖積平野の上につくられてきた．沖積平野はもともと河川の氾濫によってつくられた地形であるため，河川の付け替えや堤防やダムなどのさまざまな土木技術によって洪水を制御しながら都市は発展を遂げてきた．それでも，高温多湿で降水量の多いモンスーン・アジアの気候風土においては，洪水を完全には防ぐことができず，大雨によってたびたび堤防が決壊し，甚大な水害を経験してきた．しかし，昨今頻発している都市型水害は，異なる要因によって発生している．それは，市街化による不浸透面の増加，河川・下水道施設の整備といった都市空間の変化，および地球温暖化やヒートアイランド効果に伴う降雨パターンの変化によるものである．

明治以降，近代化が進んだ日本の都市では，市街地が拡大する中で，コンクリートやアスファルトで覆われた不浸透面が増加し，土や植物で覆われた浸透面は大幅に減少した．また，下水道の整備により，地表面を流出した雨水は下水道管を通って河川に流入し，排水として処理されるようになった．加えて，河川改修により河道の直線化と護岸の三面コンクリート化も同時に進められた．不浸透面の増加と河川・下水道整備によって，地上に降った雨水は地表面を流出し，速やかに川に集められ，一気に海へと押し流されるようになったのである．

著者が研究で関わっている東京の武蔵野台地を流れる都市河川「善福寺川（ぜんぷくじ）」を事例に具体的にみていこう（図4.1）．明治時代は，台地上のほぼ全域が農地や雑木林などの浸透面であり，川沿いには水田が広がっていた．善福寺川の水源は湧水で，浸透面からしみ込んだ雨水が谷戸頭（やとがしら）や窪地から湧き出て，善福寺川は豊富な水量を保っていた．当時の善福寺川流域の一体は，江戸時代から

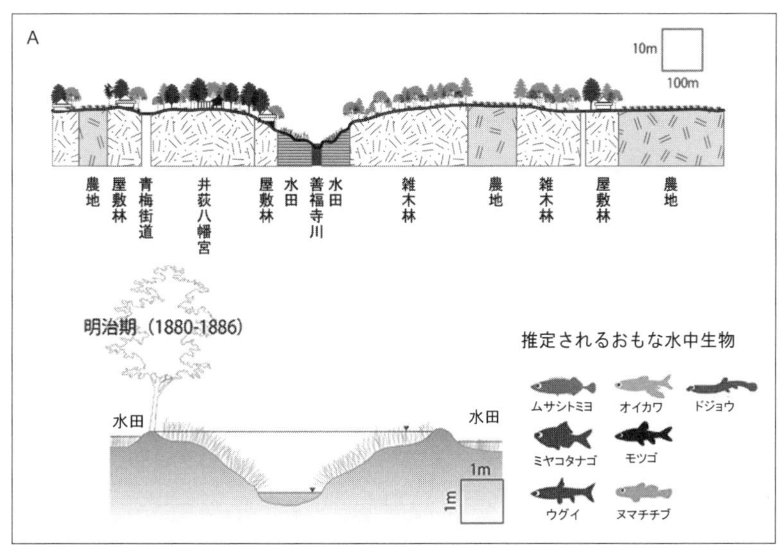

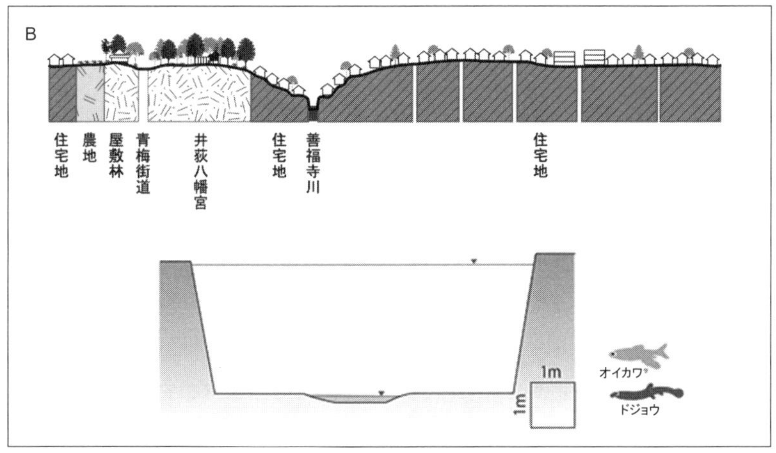

図 4.1 善福寺川の環境変化
明治時代（A）と現在（B）の流域環境断面と河川環境断面の変化の模式図.
中村（2019）をもとに作成.

続く都市近郊農村が広がっており，市街化はまだ進行していなかった．釣り好きの作家として知られる井伏鱒二（いぶせますじ）の著書『荻窪（おぎくぼ）風土記』の中では，昭和初期の善福寺川の様子が次のように描かれている．

「井荻(いおぎ)村（杉並区清水）へ引越してきた当時，川南の善福寺川は綺麗に澄んだ流れであった.清冽な感じであった.知らない者は水を飲むかもしれなかった．…（中略）…いつも水量が川幅いっぱいで，昆布のように長つぽそい水草が流れにそよぎ，金魚藻に似た藻草や，河骨(こうほね)のような丸葉の水草なども生えていた」（井伏 1982).

しかし，鉄道の敷設に合わせて東京の市街地は拡大し，都市空間は一変した．とくに市街化を急速に進める契機となったのは，1923 年の関東大震災，それから 1945 年の終戦以降の人口の増加と都市の拡大である．現在ほぼ全域が市街化された善福寺川流域では，一部の公園，寺社，わずかに残った農地・屋敷林などの緑地を除き，流域の約 8 割が不浸透面となった（飯田ほか 2015)．不浸透面が増加して地中への雨水の浸透量が減ったことで，湧水量も減少した．現在の水源の大部分は，ポンプで汲み上げられた地下水と下水再生水の一部を導水することでまかなわれている．また，1950 年代から 1970 年代に行われた河川改修により氾濫原が失われ，深く掘り込まれた現在の三面コンクリート張りの護岸へと姿を変えた．

こうした都市化による流域・河川環境の変化の中で，水辺の生物相も大きく変化していった．湧水が豊富で水質が良好で，かつ洪水時にも身を隠すことができる水草やワンド（川とつながった小さな池）が存在していた明治時代には，ミヤコタナゴやムサシトミヨなど，今では天然記念物や絶滅危惧種に指定されている生物が生息していたと考えられている（中村 2019)．だが，その後の都市化により不浸透面が増え，地下水の汲み上げも行われるようになると，善福寺池や善福寺川沿いからの湧水量や河川の水量が減少した．そこに合流式下水道（一本の管で雨水と家庭などからの生活排水を合流させて流す下水道の方式）から汚水が混じった雨水が流れ込むようになり，水質が悪化した．さらに河川改修により，魚類や水生生物が隠れられる水草やワンドがなくなった．そして，大雨が降ると大量の雨水が河川に流れ込み，一気に雨水を海へと流し去るようになった．そのような過酷な河川環境には多くの生物が適応できず，次々と姿を消していった．1986 年に始まった東京都の「清流復活事業」により，下水再生水の一部が導水され，水量・水質の回復がややみられるものの，いまだにオイカワやドジョウなど，汚濁した水にも耐性のある生物が見られるのみである．

次に降雨パターンの変化についてみていこう．昨今，「ゲリラ豪雨」がニュースで頻繁に取り上げられているように，都市では局地的大雨・集中豪雨が増加している．その理由は完全には明らかになっていないが，地球規模の温暖化だけでなく，地表面の人工化や人工排熱の増加などによるヒートアイランド効果も一因といわれている（三上ほか 2005）．また，そのような豪雨の発生率の増加傾向は，将来にわたっても続くと予測されている．「地球温暖化予測情報第9巻」（気象庁 2017）によると，1時間あたり50 mmを超える滝のような強い雨の発生回数は，今世紀末までに全国的に2倍以上になるという試算がなされている．

ニュースでも報道されるような局地的大雨・集中豪雨がひとたび起こると，不浸透面から大量の雨水が一気に流出し，下水道を経由して河川に流される．そして，下水道や河川の容量を超えると，下水道から雨水が逆流してマンホールから溢れ出したり（内水氾濫），河川から水が溢れ出し（外水氾濫），周辺の建物に浸水被害が発生する．

現在の都市は，保水力が著しく低下し，雨が降っていないときは非常に乾燥して河川の流量も少ない．ところが，ひとたび猛烈な雨が降り，下水道や河川の容量を超えると，一気に水があふれ出して洪水が発生するというように，非常に極端な状態となっている．

(2)　都市型水害への流域対策

こうした都市型水害をできる限り緩和するため，巨大な地下調節池の整備や河川の拡幅工事などが進められている．しかし，地下調節池の整備には多額の費用がかかるし，用地買収を伴う河川の拡幅工事も短期間で進めることはできない．また仮に整備が進んだとしても，対応できる雨水の量は限られている．たとえば，東京都が2014年に改定した「東京都豪雨対策基本方針」では，およそ10年後を目途に，1時間あたり50 mmの雨までは浸水を防止できるような河川・下水道整備を行うことを目標に掲げている．しかし，先にも述べたように，将来的には1時間あたり50 mm以上の強い雨の発生回数は全国的に増加すると試算されており，河川・下水道整備だけでは十分な対策は不可能といえる．

そこで，河川・下水道整備とそれ以外の方法を組み合わせ，総合的に洪水対策を講じることが重要となる．その対策の1つが「流域対策」である．雨水をその場で貯留・浸透させ，下水道や河川への雨水の流出量を減らすことで，洪水を緩和しようとするものである．たとえば，上記の「東京都豪雨対策基本方針」では，おおむね10年で5 mm相当分，30年で10 mm相当分を流域対策で講じるとされている．

流域対策はおもに2つの方法からなる．1つは，雨水浸透ます，雨水浸透管，透水性舗装など，いわゆる雨水貯留浸透施設の設置による対策で，建物や道路の建設の際に新たに雨水を貯留・浸透させる機能をもつインフラを導入していくものである．もう1つが緑地の保全・創出で，緑地のもつ保水機能を発揮させ，雨水の流出を抑制していくものである．

(3)　緑地による都市型水害の緩和

それでは，緑地は実際にどの程度，洪水を緩和させる力をもっているのだろうか？

緑地に降った雨は，一部は植物の葉などからそのまま蒸発し，残りはいったん地中に浸透するか，浸透しきらなかった分は地表面を流出する．洪水防止のためには，地中に浸透する雨水ができるだけ多いほうがいいが，その能力は緑地の種類や質によって異なることが知られている．たとえば，関東平野の武蔵野台地上におけるさまざまな緑地の浸透能をみてみると，非樹林地よりも，樹林地の値がおしなべて高い（図4.2）．とくに，高木層から低木層まで階層性のある構成となっている常緑落葉混交林では，1時間あたり230 mmと，常緑樹林・針葉樹林の144 mmよりも高くなっている．また，草地・芝地は22 mm，裸地や自然舗装のグラウンドは7 mmと，樹林地の値と比べるととても低い．同じ緑地であっても，樹種構成や地表面の被覆状態によって浸透能に明らかな差があることがわかる．

著者らは，先に示した緑地の浸透能の値をもとに，東京都内で都市型水害のリスクの高い神田川流域を対象として，その効果を試算した（飯田ほか 2015）．仮想的に3時間111 mm，最大で1時間あたり70 mmの強い雨を降らせてシミュレーションした場合，流域全体の浸透量の中央値は27.9 mmとなった（図4.3）．全体で111 mmの雨を降らせているので，平均して25%の雨が

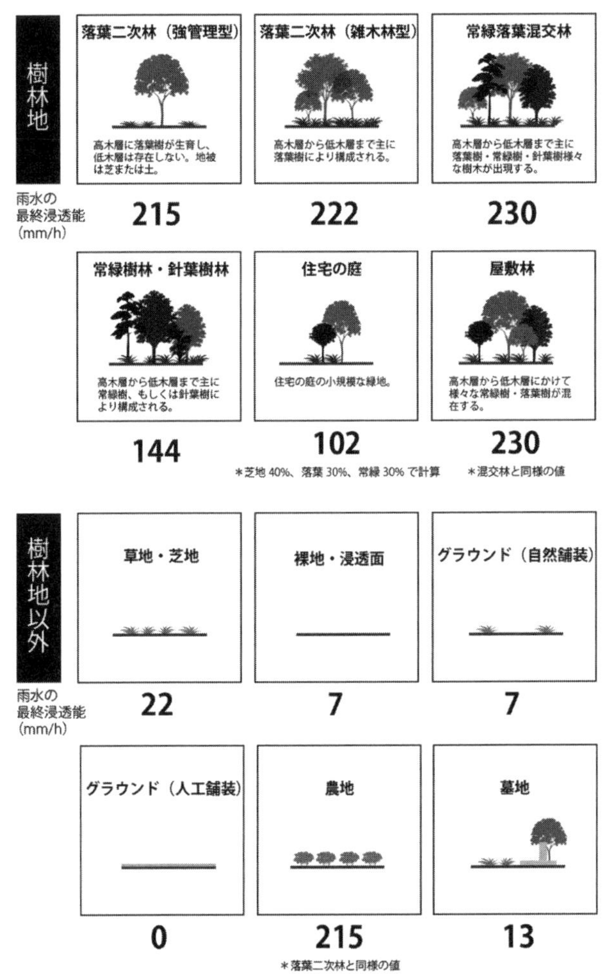

図 4.2　緑地タイプごとの最終浸透能（mm/時間）
最終浸透能は緑地タイプごとに異なる．樹林地はそれ以外の緑地よりも浸透能が高い．また，樹林地のなかでも植生の違いによって差がみられる．
飯田ほか（2015）より作成．

土中に浸透したことになる．まさに，都市の中のさまざまな緑地が集合して，「みどりのダム」としての効果を発揮しているといえる．昨今では，世界的にグリーン・インフラストラクチャー（以下，グリーンインフラ）という概念が

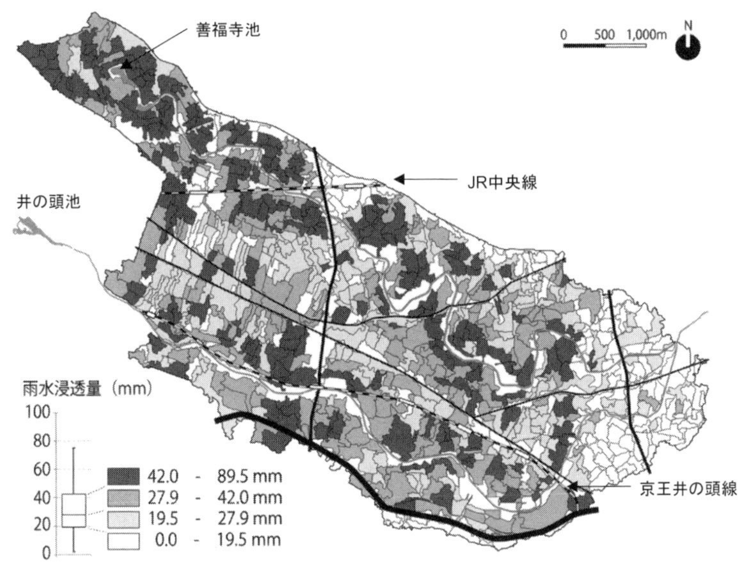

図 4.3　神田川上流域での雨水浸透量
雨水浸透量は地域によって異なる．駅前など建物が密集した地域では浸透量が小さく，公園などの緑地が多い地域では浸透量が高くなっている．
飯田ほか（2015）より引用．

台頭する中で，とくにこの雨水浸透・流出抑制の効果が注目されている（グリーンインフラについては第5章で詳述）．また，地域によって雨水の浸透量にはばらつきがある．たとえば，鉄道駅周辺の商業施設が広がっている地域の浸透量は低く，公園や寺社や農地や緑の多い住宅地が広がっているエリアでは浸透量は多い．ただ，現在緑が多い地域も，それが民有地である場合は相続などのタイミングで容易に失われてしまう．先に「東京都豪雨対策基本方針」における流域対策の目標は10年で5 mm，30年で10 mm相当と述べたが，仮に，流域内の緑地がすべて失われると，27.9 mmが流出することになり，流域対策目標量をはるかに上回る．そのため，民有地の緑地を含め，既存の緑地を保全していくことが重要である．

(4)　緑溝や雨庭による雨水浸透の促進

行財政が逼迫する中，公共が民有地の緑地を買収して保全することは簡単で

図 4.4　緑化駐車場と雨庭.
(A) イタリア・ミラノ市の緑化駐車場（口絵5参照), (B) アメリカ・クリーブランド市の雨庭. 著者撮影.

はない. そのような中, 比較的安価でかつ小規模分散型の流出対策として, 道路際へ緑溝（bioswale, 生物低湿地ともいう）を整備したり, 駐車場を緑化駐車場（green parking）に改善したり, 公共施設や個人宅に雨庭（rain garden）を設置したりする取り組みが世界中で広がっている（図 4.4). 生物低湿地とは, アスファルトで舗装された駐車場や道路など都市の不浸透面に降った雨を集め, 地中にろ過・浸透させるために設けられる湿地である. アスファルトに降り注いだ雨は重金属などの汚染物質を河川へと運ぶ. 緑溝はその汚染物質を取り除くとともに, 雨を地中へ浸透させる効力がある. 緑化駐車場は, 駐車場の全面をアスファルトやコンクリートで覆うのではなく, 隙間を設けてそこを緑化し, 雨水浸透を促すものである. 雨庭は, さまざまな施設や個人の庭などにおいて屋根面に降った雨を集めて庭に設けられた植栽帯に導き, 地中に浸透させている. 緑溝も緑化駐車場も雨庭も, 都市型の洪水や河川の水質悪化といった問題解決のために欧米で生まれ, 普及したものである. それらを日本でも取り入れる動きも広まっている. 一方で, 日本庭園などに設けられた観賞用の池も雨水を貯める効果があり, 寺社などでよく目にする鎖樋から玉砂利へ雨を落とすしくみも, 雨水を地中へ浸透させる力がある. これらは, 古くから伝わる日本版の雨庭のデザインと呼べるだろう.

(5) 調節池による洪水調整

緑溝や雨庭が雨水を浸透させることに主眼があるのに対して, 調節池は雨水

図 4.5　東京都清瀬市の金山調節池.
調節池の中にウッドデッキが設けられ，自然観察ができるようになっている．写真向かって右側に柳瀬川の本流がある．著者撮影.

を貯留させる機能をもち，その名のとおり洪水調整の役割を担っている．日本では，もともと田んぼが調節池の役割を担っていたが，先の善福寺川流域の変化の例でみたように，都市河川の田んぼは生活雑排水の流入や宅地の建設などで急速に姿を消した.

現在は，川沿いの公園の一部などに調節池が設けられている．その多くはコンクリート護岸の殺風景なものか，普段はスポーツ施設として利用できるゴム製のものが多い．とくに，先に善福寺川の例で述べたように，雨水と汚水が交じる合流式下水道のエリアの場合，大雨により調節池に汚水混じりの水が流入することになるため，水が引いた後に衛生的観点から消毒がなされる．そのため，管理のしやすさからコンクリートやゴムなどの材質が選択されるのである.

しかし，田んぼが多様な生き物の生息・生育空間でもあったことを考えるならば，生き物も生息・生育できる調節池があっていいはずである．東京都清瀬市の柳瀬(やなせ)川沿いの金山(かなやま)調節池はその好例で，1994 年に東京都が水害対策として設置した調節池である（図 4.5）．清瀬市やその隣接地域の下水道は，合流式下水道ではなく，汚水と雨水を別系統で流す分流式下水道を採用しており，河川に汚水が流入することがない．また，湧き水があることで水質と水量が保たれている．そのため，調節池の整備後に人手を加えることなくヤナギ，アシ，オギ，チガヤなどの湿性植物が復元し，さまざまな野鳥が生息するビオトープが形成されている．現在，この調節池は，金山調節池ワークショップという市民団体と自治体によって共同で管理されている．また，日常的には，散策や野鳥観察の場としても市民に利用されており，洪水調整以外にもさまざまな恵みをもたらしてくれている．

4.2 都市の暑さを和らげる

(1) 高温化する都市

ヒートアイランド効果については第2章でもふれたが，ここでは都市における暑熱環境が過去からどのように変化してきたか，またこれから将来どのように変化していくかみていきたい．

政府の報告書「日本の気候変動とその影響」(環境省ほか 2018）および「ヒートアイランド監視報告 2017」(気象庁 2018）によると，日本の平均気温は過去100年間で1.2℃上昇した．しかし，三大都市圏ではそれを上回っている．過去100年間に東京では3.2℃，大阪では2.7℃，名古屋では2.9℃，それぞれ気温が上昇した．日本の平均上昇気温との差（東京2.0℃，大阪1.5℃，名古屋1.7℃）については，ヒートアイランド効果による影響と考えられている．とくに，気温の上昇は，日最高気温より日最低気温で著しく，季節別でみると夏よりも冬に顕著である．

気温の上昇に伴い，夏の暑さを示す指標である真夏日（日最高気温が30℃以上の日）や熱帯夜（夜間の最低気温が25℃以上の日）の数もそれぞれ増加傾向にある．一方で，冬の寒さの指標である冬日（日最低気温が0℃未満の日）の数は減少傾向にある．つまり，夏はより暑くなり，冬は寒さが弱まっている．具体的には，先に示した2つの報告書によると，気象の統計期間1931～2016年の85年間で，日本全体では真夏日は10年間あたり0.6日，熱帯夜は1.7日の割合でそれぞれ増加し，冬日は10年間あたり2.1日の割合で減少した．さらに，都市部ではその傾向がより顕著である．たとえば，名古屋においては真夏日は10年あたり1.1日，熱帯夜は3.7日の割合で増加し，冬日は10年間あたり7.1

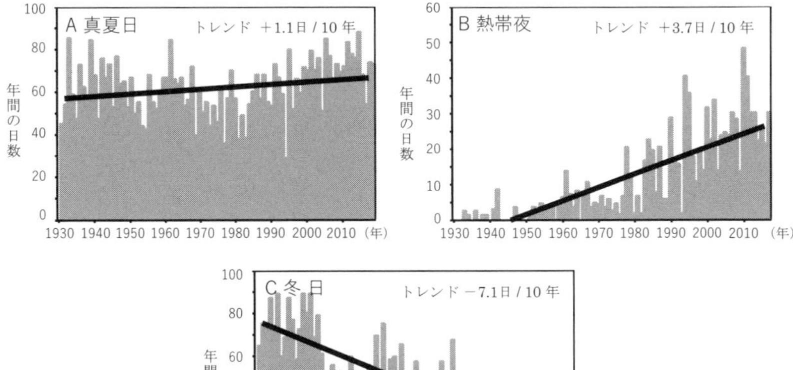

図 4.6　名古屋市における暑さ・寒さ指標の長期変化傾向
名古屋市における真夏日（A），熱帯夜（B），冬日（C）の日数の長期変化傾向.
気象庁（2018）をもとに作成.

日の割合で減少している（図 4.6）（注：東京や大阪は観測場所の移転のため長期の変化傾向は算出されていない）．さらに，都市の高温化の傾向は将来にわたっても続くと考えられ，名古屋では，21 世紀末までに猛暑日は約 40 日増加し，真夏日と熱帯夜がそれぞれ約 60 日増加，冬日は約 20 日減少すると予測されている（気象庁 2017）.

(2)　都市の高温化による人への影響

このような気候の変化は，人の暮らしに長期的な影響をもたらしている．とくに都市部においては，熱中症や熱ストレスによる睡眠障害などの人体に対する影響が危惧される．これまでに，気温と熱中症や睡眠障害との関係に関する研究は数多く行われている．たとえば，日本における救急搬送や熱中症患者データに基づいて熱中症リスクの実態を調査した小野（2009）の研究によると，とくに高齢者の場合は，日最高気温が 33℃を超えたあたりから熱中症発生率が増え始め，気温の上昇とともに右肩上がりに増加することが示されている（図

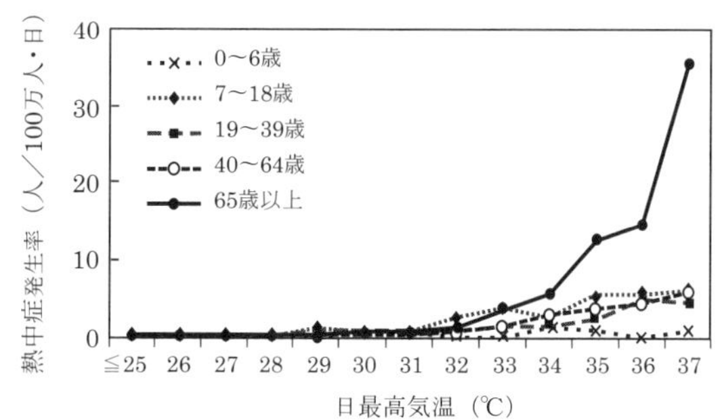

図 4.7 年齢階層別・日最高気温別の熱中症発生率.
小野（2009）をもとに作成.

4.7）. また, 岡野ほか（2008）の研究によると, 就寝時の気温が25℃以上になると睡眠障害が出始め, さらに1℃上がるごとに睡眠障害者の割合が3%増加することが示されている.

現在でもすでに夏の暑さと健康被害はメディアでも大きく取り上げられているが, 先に述べたように今後も真夏日や熱帯夜が今よりも増加していくと, 暑さによる健康被害はますます大きな社会問題となってくるだろう. 都市の高温化はさまざまな場面において私たちの暮らしに影響を及ぼす. 後述するように, 都市緑化をはじめとしてさまざまな適応策が練られているが, どこまで高温化する都市に人が適応していけるのか, 未知数の部分が大きい.

(3) 都市の高温化による生物への影響

気候変化は, 人間の暮らしだけでなく, 生物に対してもさまざまな影響を与えている. たとえば, 植物の開花や落葉の時期の変化, 動物の繁殖や渡りの時期の変化などが報告されている（Walther et al. 2002）. 第2章でもふれたように, このような季節の移り変わりに伴う動植物の行動や状態の変化は「フェノロジー」（生物季節）と呼ばれる. ここでは, 日本人が季節を感じる代表的な植物であるサクラを例にみてみたい.

気象庁では, 全国の気象官署で統一した基準により生物季節観測を行っている. サクラ（ソメイヨシノ・ヒガンザクラ・エゾヤマザクラ）については1953年以降のデータがホームページで公開されている. 1961〜1990年の開花

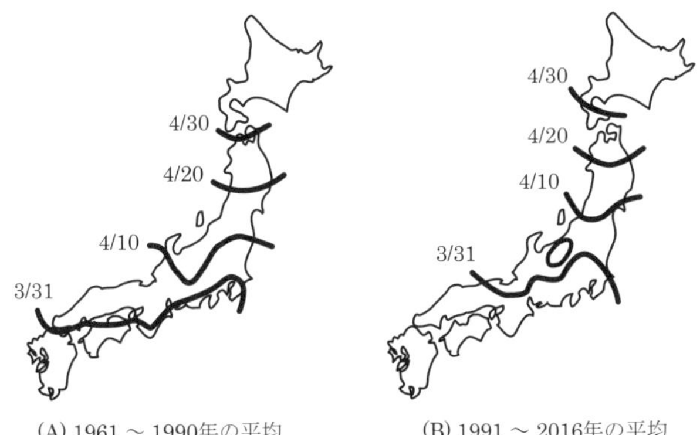

図 4.8　サクラの開花前線の変化.
(A) 1961～1990 年の平均と (B) 1991～2016 年の平均を比べると，サクラ開花前線が北上していることがわかる.
松本 (2017) をもとに作成.

日の平均と，1991～2016 年の開花日の平均を比べた松本 (2017) の研究からは，サクラの開花前線は全体的に北へと移っており，全国的にサクラの開花日が早まっていることがみてとれる (図 4.8)．また，松本 (2012) による別の研究では，都市の内部でもサクラの開花時期に差があり，とくに高温化が著しい都市中心部では，周辺よりも数日早く開花することが報告されている．

本州で代表的な種であるソメイヨシノは，夏ごろに翌年咲く花芽を形成し，休眠状態に入り，その後，冬季の低温を経ることで休眠打破する．さらにその後一定期間暖かい日が続くことで花芽が成長し，開花にいたることが知られている．温暖化やヒートアイランド効果は，とくに冬季から春先にかけての花芽の成長を促し，サクラの開花を年々早めていると考えられている．さらに，温暖化によるサクラの開花時期の変化に関する丸岡・伊藤の研究からは，温暖化やヒートアイランド効果によって一律に開花が早まるのではなく，温暖な九州南部や太平洋沿岸域では，サクラの開花条件の 1 つである休眠打破に必要な冬季の低温を得ることができないため，開花が遅くなる，あるいは開花しない年も出てくる可能性が指摘されている (丸岡・伊藤 2009)．

サクラの花見は日本人の文化に深く根ざした季節の風物詩である．現代においては，年度の変わり目に咲くことの多いソメイヨシノは，入学や就職など新たな門出に気持ちを心機一転させてくれる貴重な存在であった．しかし，以上でみてきたように，温暖化や都市部のヒートアイランド効果の影響によってサクラの開花時期は年々早まっており，新たな門出を迎える頃には満開が終わり，葉桜になっていることがあたりまえになるかもしれない．さらには，先に述べたように開花しない年も出てくる可能性を考えると，温暖化やヒートアイランドによって都市が高温化することは，日本人の季節観にも今後大きな影響を与えるかもしれない．

(4) 緑地の冷却効果

ここからは，都市の暑熱環境を緩和する緑地の機能，いわゆる緑地の「冷却効果（cooling effect）」についてみていこう．人も動物も経験的に樹木の木陰に入ると涼しいことを知っている（図4.9）．そもそもなぜ，木陰は涼しいのだろうか．それは，大きく２つの理由による．１つは，樹木の枝葉が日射を遮ることによる効果である（日射遮断）．人は，気温だけでなく，湿度，風速，日射や赤外放射（地面などから電磁波として放出される熱のことで，温度が高いほど放射が強い），着衣量や運動量によって，総合的に暑さ・涼しさを感じている．樹木はこのうち，頭上からの日射を遮るとともに，木陰が地面からの赤外放射を弱める働きをしている．

また木陰が涼しいもう１つの理由は，植物の蒸散作用によるものである．生命体である植物は，土から水を吸い込み，その水を葉の裏の気孔から水蒸気と

図4.9 木陰を好む人(A)や動物(B)．
著者撮影．

して体外に放出している．植物は，水が水蒸気になるときに奪われる気化熱（液体の物質が気体になるときに周囲から吸収する熱）を利用して温度調節を行い，真夏の炎天下であっても葉の温度が上がりすぎることを防いでいる．私たちが汗をかくのも同じ理由によるものであり，汗が気化する際に身体の熱を奪うことで，身体が熱くなりすぎるのを防いでいる．また，水分を含んだ地面からも水が水蒸気として蒸発しており，地表面温度の上昇が和らげられている．本章の最初に述べた「都市を洪水から守る」では，地中へ雨水を浸透させることは，都市型の洪水を防ぐために重要であると述べたが，それだけでなく夏の暑さを和らげることにもつながっている．

植物がまとまって生育する大規模緑地は，その周辺の市街地よりも日中・夜間ともに気温が低い．それを俯瞰して見ると，ちょうど高温の市街地の中に，低温の緑地が島状に浮いて見えることから，この緑地による気温低減効果は「クールアイランド（cool island）」と呼ばれる．日中に気温が低くなるしくみは，先に示した日射遮断と植物や地面からの蒸発散によるものである．1 本の樹木では気温を低減させるまではいかなくとも，まとまった樹林では気温低減効果がみられる．たとえば，50 ha 以上の面積を有する大規模緑地での実測調査からは，明治神宮で最大 6℃（浜田・三上 1994），皇居で最大 4.1℃（環境省 2007），新宿御苑で最大 3℃（成田ほか 2004），それぞれ周辺市街地よりも気温が低くなることが示されている．

一方，夜間は，放射冷却によって周辺市街地より緑地の気温が下がる．放射冷却とは，地表から赤外線として熱が放出されて冷えることを意味する．市街地では，日中建物や道路に蓄熱された熱が夜間に空気を温め，放射冷却が抑制

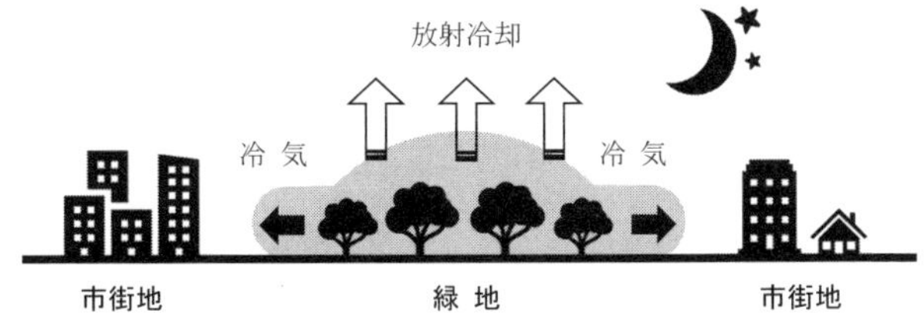

図 4.10 緑地からの冷気のにじみ出し現象の概念図．
環境省『ヒートアイランド対策ガイドライン』をもとに作成．

される．それに対して，緑地の内部では日中も植物体の温度が低く保たれ，かつ遮るものがないため放射冷却が促進される．この放射冷却の効果によって，緑地の内部は，周辺市街地よりも気温が低くなる．

周囲より気温の低い緑地からは，その冷気が周辺の市街地へも流れ出す「にじみ出し現象」が起こることが知られている．とくに，風の少ない穏やかな夜には，放射冷却によって冷気がじわじわと周辺へにじみ出す（図4.10）．これまでに，にじみ出した冷気がどれほど遠くまで到達するかを測る研究が国内外で数多く行われている．到達距離は，緑地の規模，地形，風向・風速，周辺市街地の形状などによっても異なるが，最大で350 mほどという結果が得られている（Aram et al. 2019）．

(5) 屋上緑化・壁面緑化

緑地の冷却効果を発揮させるためには一定程度の規模の緑地が必要であるが，既成市街地において，用地買収によって新たにそのような緑地をつくることは難しい．そのため，屋上緑化や壁面緑化など，建物の特殊緑化を推進することで，局所的に暑さを和らげる取り組みが進められている（図4.11）．屋上緑化や壁面緑化された建物では，植物や地表面からの蒸発散によって，屋上や壁面の表面温度の上昇が抑えられる．建物の表面温度が抑えられると，それだけ建物への蓄熱が抑えられる．そのため，建物内部の室温の低減や，建物脇の道路を歩いている人の体感温度の低減につながる．現在，東京都の「緑化計画諸

図4.11 東京都における建物の特殊緑化の例．
(A) ビルの屋上緑化（武蔵野市）と (B) 壁面緑化（中央区）．
著者撮影．

制度」，京都府の「地球温暖化対策条例」，兵庫県の「環境の保全と創造に関する条例」などのように，ヒートアイランド対策の1つとして，一定規模以上の開発に際して屋上緑化や壁面緑化を義務化する自治体も存在する．

4.3　食と健康と暮らしを支える

(1)　農地と宅地が混在する日本の都市空間

日本の都市郊外では，農地と宅地が混在する景観をよく目にする（図4.12）．これは日本人にとっては比較的ありふれた風景であり，取り立てて特別なものにはみえないかもしれない．しかし，西洋の都市と比較するとその特異性がよくわかる．

イギリスの「アロットメント」，ロシアの「ダーチャ」，ドイツの「クラインガルテン」のように日本でいうところの市民農園に似た空間は，西洋の都市にも存在する．しかし，日本の郊外の農地の多くは市民農園ではなく，プロの農家が耕作する農地であることに特徴がある．江戸時代にルーツがある農家も多く，東京23区の中でも300年から400年ほどにわたって代々農業を営んでいる者も少なくない．東京大都市圏の郊外の典型的な住宅地をみてみると，都心からの距離に応じて混在の度合いは異なるが，ともに農地が宅地の中に島状に点在していることがみてとれる（図4.13）．日本では意図的にこのような農地を市街地の中に残してきたのではなく，都市政策と農業政策のせめぎ合いの中で，結果として農地と宅地が混在する都市空間が生み出されてきた．都市の人口増加により圧倒的に宅地が不足する中，新住民も都市開発者も農地を宅地の種地（たねち）とみなし，次々に農地が都市化の波にのまれていった．

図4.12　郊外住宅地の農住混在景観（口絵6参照）．著者撮影．

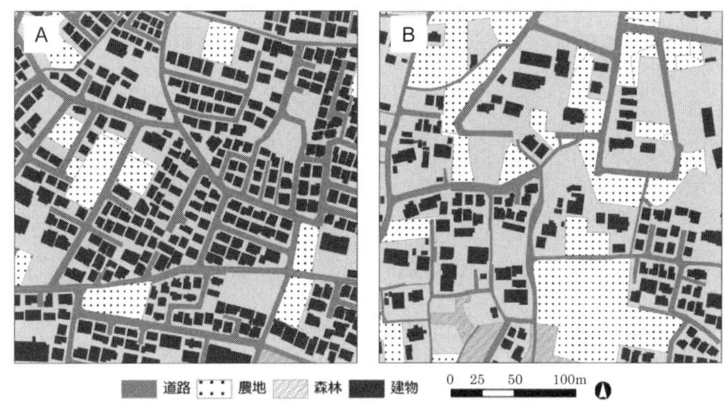

図 4.13　東京大都市圏郊外の典型的な農住混在地域.
(A) 都心から 20 km 圏の練馬区の住宅地, (B) 50 km 圏の八王子市の住宅地.
東京都都市計画基礎調査のデータをもとに著者作成.

一方, 農家の側は自分たちの生業を守るため, 自ら行政に働きかけて長期営農継続農地制度や生産緑地制度の策定に関わったり, 近隣住民の理解を得る工夫をしたりしながら, 高密化する市街地の中にあっても農地を所有し, 農業を継続できる環境を整えてきた. そのようにしてできあがった農地と宅地が混在する市街地は, 都市と農村の土地利用を峻別し, 機能純化をはかってきた西欧の都市ではほとんどみられない特徴である (横張ほか 2012).

(2)　縮小する都市における「農」への期待

そのような農地と宅地の混在は, 長らく都市計画の「失敗」と考えられてきた. 西洋のように都市と農村の土地利用を峻別することが望ましく, それが達成されていない現状は失敗だということである. しかし, 人口減少時代に突入した今, その考えかたが大きく変わろうとしている.

日本では, 国勢調査の開始以来初めて, 2015 年に人口が減少に転じた. 人口の減少傾向は今後も長期的に続く. 国立社会保障・人口問題研究所の予測によると, 2015 年に 1 億 2710 万人であった総人口は, 2050 年までに 1 億 192 万人となり, 50 年後の 2065 年には 8807 万人にまで減少すると予測されている. 2050 年の人口予測を地図上に示してみると, 現在人が居住している地域の 2

割弱はまったく人が住まない地域となり，8割弱の地域では少なからず人口が減少し，人口が維持もしくは増加するのは全体の2%のみとなっている．また，市街化区域（都市計画によって計画的に市街化すべきとされる地域で，現在の人口集中地区とほぼ重なる）だけに絞ってみてみても，人口が維持もしくは増加する地域は全体の9%に過ぎず，残りの91%の地域では人口が減少すると予測されている（図4.14）．

このような中，都市農業の振興に関する政策の基本となる「都市農業振興基本法」が2015年に成立した．翌年には同法に基づき「都市農業振興基本計画」も策定されている．この計画では，これまで「宅地化すべきもの」とされてきた都市農地を，都市に「あるべきもの」ととらえ直す方針が明確に示された．拡大の時代には，宅地と農地は相互に競合し合うものととらえられ，都市農業は振興の対象外とされてきた．しかし，都市においても人口減少が進むこれからは，むしろ都市農業の振興をはかり，その多面的機能を発揮させながら，農地と宅地が共生する市街地を積極的につくっていこうという目標が示されたのだ．

それでは，都市における農はどのような自然の恵みをわれわれにもたらしているだろうか．一般的に農地は，食料を供給する場としての役割のほかにも，雨水の流出抑制，地下水涵養（かんよう），炭素固定，土砂災害防止などの多面的な機能を有している．それは都市農地も同様であり，気候変動への緩和・適応策として

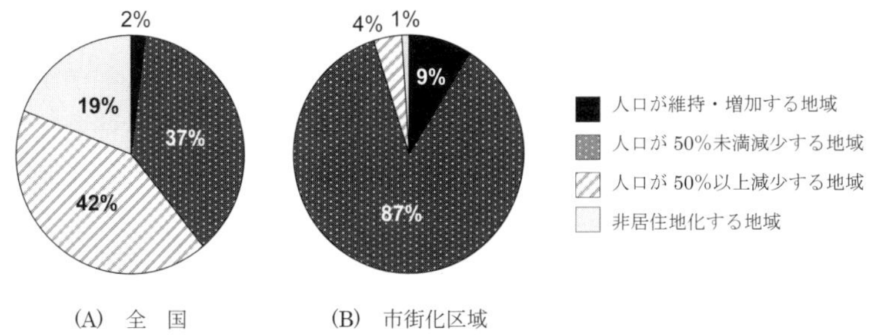

図4.14　2010年から2050年にかけての人口動態．
全国における人口動態（A）と，そこから市街化区域のみを抽出したもの（B）．
値は面積割合を示す．
国土数値情報をもとに作成．

期待されている．ここでは，それに加えて「食」「健康」「暮らし」の側面から都市の農が私たちにもたらす自然の恵みについて考えていきたい．

(3)　都市の農が支える「食」

まず「食」の側面である．一般に，都市は消費の空間であり，食料自給率がきわめて低い．農林水産省による2016年度の都道府県の食料自給率の報告によると，全国的なカロリーベースの食料自給率が39%なのに対して，東京都が1%，神奈川県と大阪府がそれぞれ2%となっている．2019年の東京におけるミシュランの星付き店の数は230軒で，これは1つの都市あたりでは世界一の数であるそうだが，東京で使われる食材のほとんどを域外からの移入・輸入に頼っていることになる．また，このような状況は，輸送にかかる環境負荷の増加にもつながっており，日本はフードマイル（食料の重量と輸送距離を掛け合わせた指標）が世界一高い国として知られている．

一方で，とくに野菜や果物などの生鮮食品に関しては，消費者は安全で安価で新鮮な食料を求めている．それに応えるのが都市農地である．先に述べたように日本の都市郊外は，農と住が混在する空間が広がっている．この特徴ゆえに，消費者は家のすぐそばでとれたての野菜や果物を入手することができる．実際に，都市の農家は，市場流通だけでなく庭先の販売所や組合などの直売所などで消費者へ直接販売を行っている者が多い．2015年の農林業センサスによると，消費者へ直接販売を行っている農家の割合は，全国平均で19%なのに対して，東京都が62%，神奈川県が44%，大阪府が39%と高くなっている．都市の農家は消費者が近くにいる立地特性を活かした販売戦略をもっており，消費者は徒歩や自転車で行ける距離の中で安全で安価で新鮮な食料を入手できる，という恩恵を得ることができている．

また，農園の直売で購入するだけでなく，農園でレクリエーションとして農業を行う都市住民も増えている．とくに，初めは住民が区画を借りて自由に耕作する市民農園が主流であったが，1990年代からは農家から直接農業を教わる農業体験農園が誕生し，さらに2000年代からは企業が営む「サービス付き貸し農園」も増えている．家の近くに農園があり，気軽に農業を楽しむことができるのは，日本のような農住混在の市街地ならではの特徴である．

本書の第2章において，同じ面積でも規模の大きな緑地をまとめて配置する「土地スペアリング（land sparing）」の開発手法と規模の小さな緑地を分散して配置する「土地シェアリング（land sharing）」の違いについて述べた．生物多様性の観点からは「土地スペアリング」のほうが望ましいが，市民の緑地へのアクセス性の観点からは「土地シェアリング」に優位性があると述べた．都市内での食の生産と流通に関しても，「土地シェアリング」のほうがより望ましいといえる．すなわち，同じ都市の緑地でも，どのような効果を発揮させるかによって，望ましい配置は異なっている．

コラム3　東京でみつける春の七草

「せり　なずな　ごぎょう　はこべら　ほとけのざ　すずな　すずしろ　これぞ七草」．これは1362年頃に書かれた源氏物語の注釈書にある有名な和歌である．「せり」はセリ，「なずな」はナズナ（ペンペン草），「ごぎょう」はハハコグサ，「はこべら」はハコベ，「ほとけのざ」はタビラコ，「すずな」はカブ，「すずしろ」はダイコンをさす．

日本では古くから，これらの春の七草を粥にいれた七草粥を1月7日（人日（じんじつ）の節句）に食べる風習がある．寒さ厳しく，野菜も不足する時期にあって，土の中から芽を出したこれらの若草は，重要なビタミン源であると同時に，待ちに待った春の訪れを感じさせてくれる存在だったに違いない．

「せり」「すずな」「すずしろ」はスーパーで簡単に手に入る食材だが，「なずな」「ごぎょう」「はこべら」「ほとけのざ」は現代では“雑草”の部類であり，春の七草の季節を除いてまずスーパーには並ばない．だが，目を凝らしてみると，大都会の中でもそれらの雑草がたくましく生きていることがわかる．

2018年の1月7日，野草ソムリエをしている友人の案内で東京都練馬区内を自転車で巡りながら七草を探した．探した場所は，公園の踏み荒らされていない隅，除草作業が入っていない農地の道路際の植栽帯の脇，憩いの森として一般開放されて入る屋敷林の林床である．公園からは「はこべら」を，農地からは「ごぎょう」を，屋敷林からは「なずな」と「ほとけのざ」（タビラコがなかったためヤブタビラコで代用）をみつけることができた．まわりを住宅地に囲まれ，都市化が進んだ中にあっても，これら春の七草の野草はたくましく生きている．

多くの人が気にもとめず，単に「雑草」とくくられてしまう草の中にも，万葉の時代から続く日本の文化の一端が息づいている．お正月のごちそうで疲れ気味の胃のためにも，それらを探しながら身近な緑地を散歩してみるのも一興かもしれない．

(4) 都市の農が支える「健康」

次に「健康」の側面についてみていこう．健康面については，都市住民が農作業をすることによる健康への効果と，野菜や果物などをたくさん食べることによる栄養学的な健康への効果の2つがある．

第3章で述べたように，自然とふれあうことで私たちはさまざまな健康面でのよい効果を得ている．農の活動は，土や植物と直接ふれあうという意味で，非常に能動的な自然とのふれあいであり，種々の研究においてもさまざまな精神的・社会的・身体的な健康への効果が明らかになっている．たとえば，オランダの研究チームは，市民農園を利用する高齢者と利用しない高齢者を比べると，利用しているグループのほうが主観的健康感や生活満足度などの精神的健康の値が高いことや，農の活動と読書を比べた場合，農の活動のほうがストレスの緩和効果が高いことを示している（van den Berg et al. 2010, van den Berg et al. 2011；図4.15）．日本においても，2012年に農林水産省が市民農園利用者・家庭菜園実施者とそれらの非実施者を対象にアンケート調査を行っている．それによると，実施者のほうが非実施者よりも運動習慣や身体活動量が多い，生きがいをより感じている，地域とのつながりがより強いといった結果が得られている（エヌ・ティ・ティ・データ経営研究所 2013）．

農の活動を通じて自然とふれあうだけでなく，収穫物を食することで得られる健康への効果も存在する．先に挙げた「日常生活に関するアンケート調査」では，農の活動を行っている人のほうが，非実施者と比べて，日々の食生活において野菜摂取量が多く，かつバランスがよい食事をしているという結果が得られている．著者らが東京都の農業体験農園の利用者に行った調査でも，農業体験農園の利用者は1人あたりの年間の野菜摂取量が日本人平均よりも1.5倍多いという結果が示されている（出版準備中）．健康な食生活の基本はさまざまな品目の食材をバランスよく摂ることであり，単純にはいえないが，医学分野において野菜摂取が健康維持にとって有用だという研究報告が多数されている

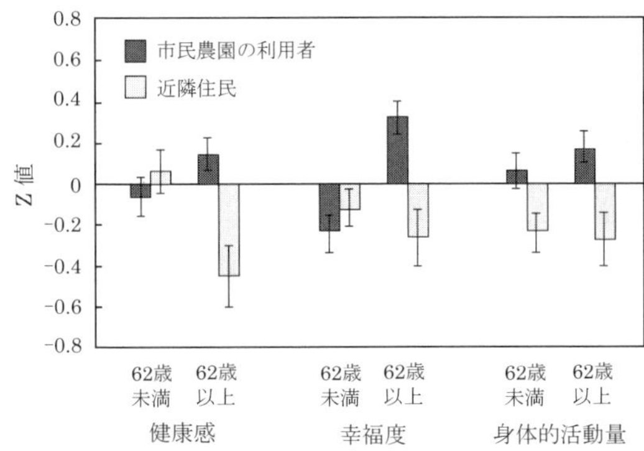

図 4.15　市民農園の利用者と利用していない近隣住民の健康度の比較（縦軸は Z 値（標準得点），平均が 0，分散が 1 となるようにデータを標準化した値）．
とくに高齢のグループでは，市民農園の利用者のほうが近隣住民よりも健康感・幸福度・身体的活動量のスコアが高い．
van den Berg（2010）をもとに作成．

ことなどから，都市における農の存在が都市住民の健康に少なからず寄与しているといえそうである．

(5)　都市の農が支える「暮らし」

最後に「暮らし」についてである．移民を多数受け入れている海外の都市では，移民の社会的包摂のツールの１つとして都市の中の農地やコミュニティ・ガーデンの重要性が指摘されている（図 4.16）．たとえば，国民に占める移民の割合が 20% にのぼるドイツでは，「多文化共生ガーデン（Interkultureller Garten）」が各地に整備され，野菜や花の栽培を通じたコミュニケーションによって移民の孤立を防ぎ，社会的包摂の場として機能している．また，イギリスでは，2012 年のロンドン・オリンピックを契機として，2012 個のコミュニティ・ガーデンをつくるキャピタル・グロース運動が展開された．実際に低未利用地や屋上などを活用してこれまでに 2700 個を越えるガーデンが整備され，とくに貧困層の居住する地域において重点的に取り組まれている．さらに，産業構造の転換により衰退した北米の都市でも，取り残された貧困層が食料を入手する手段として，空き地を活用した都市農業が推進されている．このように，食を通

図4.16 世界の都市農園やコミュニティ・ガーデン．
(A) ロンドンのリージェント・パーク内につくられた，非営利団体が運営するデモンストレーションのための農園．(B) 空き地につくられたブドウ畑とワインの醸造所．

じて社会的弱者の救済や公正な世の中の実現などを目指す考えかたはフード・ジャスティスと呼ばれる．都市におけるフード・ジャスティスを達成する手段として，世界で都市の農に注目が集まっている．

もちろん，そのような世界の都市と現在の日本の状況は大きく異なっている．しかし，2018年に「出入国管理及び難民認定法」が改正され，外国人労働者の受け入れが拡大される中，今後の日本でも少なからず海外から来た人々をどのように受け入れ，ともに暮らしていくかということが，大きな社会課題になってくるはずである．その際，すでにそれを経験し，さまざまな模索がなされている海外の都市の経験から学ぶところは大きいだろう．また，外国籍の人でなくとも，社会の中で孤立しがちな人は日本でも多く存在する．そのような人々の孤立を防ぎ，社会の中で包摂していく場として，都市の農には大きな可能性があるだろう．

本章の冒頭で，「ぜいたく効果」にふれたが，都市の農に関しては，それは必ずしもあてはまらないかもしれない．農地やコミュニティガーデンも緑地の一種だが，それらは，裕福な世帯が暮らす地域というよりも，むしろ諸外国のように経済的に困窮する人々が多く暮らす地域，あるいは日本のように普通の郊外の住宅地に多く立地している．人口が減少し，都市が縮小に向かうということは，否定的にとらえられがちである．しかし，これまでに述べてきたような都市の農がもたらすさまざまな恵みを考えるならば，都市の縮小を，より公正で豊かな社会を実現していく機会として肯定的にとらえることが可能だろう．

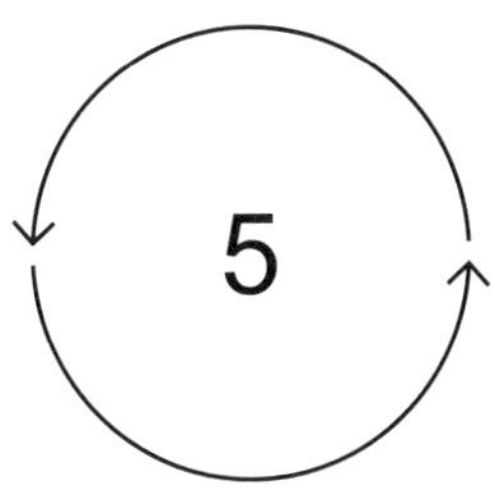

自然の恵みと生物多様性を活かした都市づくり

ここまでの章では都市の生態系にみられるダイナミックな生物と人間との関係性について，最新の研究も紹介しながら述べてきた．最後に本章では，都市を計画・デザインする都市づくりの視点から3つの話をしていきたい．

1つ目の視点は，これまで社会改良家や都市計画家たちが，都市の自然をどのようにとらえ，彼らの理想とする都市づくりに活かしてきたか，その思想と手法についてである．とくに，人が自然を改変する大きな力を手に入れた産業革命以降の動きの中から代表的な事例を紹介する．また，昨今世界的に広まっているグリーン・インフラストラクチャー（green infrastructure）の概念にふれ，自然の恵みとその基盤である生物多様性を賢く利用する都市づくりの潮流を述べる．

2つ目の視点は，都市の自然と関わるさまざまな主体についてである．昨今では，行政による都市計画を通じた従来的な公園整備などの取り組みだけでなく，企業による市場と連動した新しい都市緑化の取り組みが加速している．また，市民の手による自然の保護や再生の取り組みも広がりを増している．ここでは，それらの主体ごとの都市の自然との関わりを具体的な事例を交えてみていこう．

3つ目の視点は，昨今の人口減少や技術革新，および2020年に発生した新型コロナウイルス感染症への対応などさまざまな社会変化の中で，ダイナミックに変貌するであろう都市の生態系と人との関係についてである．とくに，都市を計画・デザインする立場から，人と都市の生態系のダイナミクスの未来について展望を述べることで，結びにかえたい．

5.1　都市の自然を活かす思想と手法

(1)　近代公園の誕生：健康的な市民生活のために

多くの人にとって都市におけるもっとも身近な自然の1つは公園ではないだろうか．子供たちが遊んだり，散歩やジョギングをする人がいたり，最近では高齢者が健康遊具で身体を動かす姿もよく目にする．現在あたりまえのように存在する公園の起源に思いをはせることはあまりないだろうが，じつは公園は，18世紀から19世紀にかけての産業革命の中で新たに生み出された近代都市施設の1つである．ここでは，産業革命が起こったイギリスを例にとり，近代公園の誕生の舞台裏をみていく中で，当時の人々が都市の自然をどのようにとらえ，なぜ公園をはじめとするオープンスペースを必要としたのかみていこう．

a.　都市環境の悪化と労働者の健康問題

図5.1　「セブンダイアル地区の死を思わせる通り（Dudley Street, Seven Dials）」．
劣悪な環境下におかれた労働者のスラム街を表したイラスト．1872年に画家ギュスターヴ・ドレによって描かれた．
The Victorian Webより引用．

産業革命が起こったイギリスでは，手工業にとって変わり，蒸気機関を動力源とする工場制機械工業が台頭した．首都であるロンドンには工場が次々と集積し，またマンチェスターやリヴァプールなどの新興の工業都市が次々に生まれた．それらの都市は，国の発展を支え，イギリスに華やかな時代をもたらした．一方で，工場で働く低賃金労働者の流入によって，都市の人口は急激に膨れ上がっていった．たとえば，ロンドンでは，1801 年に 111 万人だった人口が，1851 年には 268 万人に，さらに 1901 年には 658 万人となり，世界で最大規模の都市となった（Hoggart and Green 1991）．そして，急速に増える労働者人口を収容するために建て増しを繰り返した結果，低賃金労働者たちは日照や通風が十分に確保されていない過密な集合住宅での暮らしを強いられた（図 5.1）．さらに，上・下水道の整備も追いついておらず，汚物やごみや動物の死骸や糞尿は路地裏に廃棄され，不衛生きわまりない状態であった．ロンドンの中心部を流れる有名なテムズ川はそれらの汚物がそのまま流れ込んだ結果，耐えられないほどの悪臭を放っていた．とくに，大悪臭（Great Stink）と呼ばれる 1858 年夏の状況は最悪であった（図 5.2）．

図 5.2　「静かな強盗：お金か命か（The Silent Highway-Man. Your money or your life!)」．1858 年の「大悪臭」（Great Stink）の様子を描いたイラスト．汚染されて悪臭を放つテムズ川に動物の死体が浮かぶ中，死を招く骸骨＝強盗が静かに船を漕ぐ．背後にはロンドン中心部のセントポール大聖堂が煙に霞んでみえる．これを機に，健康・命を守るためには，お金を払って環境改善することが必要と広く認識されるようになった．
National Maritime Museum ウェブサイトより引用．

産業革命は，イギリスに大きな富をもたらした一方で，都市に深刻な大気汚染や水質汚染などの公衆衛生の問題をもたらした．そして，それは数々の健康被害をも招くことになる．その 1 つは，不衛生な水を介した感染症の蔓延で，コレラや腸チフスなどの感染症がたびたび都市部で流行していた．とくに 1848 年から 1849 年にかけて，および 1853 年から 1854 年にかけてのコレラの流行では，合わせて 1 万 8000 人が犠牲になったという（Chadwick 1966）．

もう 1 つ，感染症以外にも都市部で深刻だったのは，工場の煤煙による大気汚染がもたらす健康被害である．労働者たちは，石炭の黒煙の中での過酷な労働を課せられ，さらに家に帰っても日照や通風の悪い部屋で過ごしていたため，呼吸器疾患を患うものが多かった．当時の大気汚染の状況を示す観測データは残されていないが，産業革命時代のイギリスの各地区での推定石炭使用量と乳児死亡率の関係を調べた最新の研究によると，石炭使用量が上がるほど乳児死亡率も高くなる傾向が示されている（Beach and Hanlon 2017）．さらに，乳児死亡率が高いために，平均寿命が現在と比較するととても短かった．ロンドン郊外のベスナルグリーン地区（Bethnal Green）における1839年の社会階層別のデータでは，ジェントルマンと呼ばれる上流階級の死亡時の平均年齢が45歳であったのに対して，商人が26歳，労働者が16歳であったと記録されている（Antonovsky 1967）．

b.　健康的な市民生活のための公園

こうした公衆衛生の悪化や健康被害を前に，人々は都市を改良する必要性に迫られた．そして，環境汚染の浄化の1つの手段として考え出されたのが，「公園」などのオープンスペースを都市に設けることであった．当時の知識層は，オープンスペースは，健康問題の原因を取り除くに至らないまでも，影響を緩和し，心身の健康を改善するのに役立つという，現代に通じる考えをすでにもっていた（Chadwick 1966）．そして，次に述べるように，「庭園（garden）」や「狩猟地（hunting park）」などの王室領地の公園化や，自治体による新たな公園整備が相次いで行われるとともに，社会改良家（social reformer）の手によってオープンスペース運動が展開された．

図5.3　リージェント・パーク．
イギリスの首都ロンドンの王立公園の1つ．もともとはヘンリー8世の狩猟地であった場所が19世紀中ごろに一般開放された．高密な首都ロンドンの中にあって，老若男女の集う憩いの場所となっている．
著者撮影．

19世紀中ごろの王室領地の一般開放例として有名な公園にリージェント・パーク（The Regent's Park）がある（図5.3）．ここは，もともとヘンリー8世の狩猟地であった．健康改善のための施策が急務であったロンドンでは，1840年に都市健康調査委員会が立ち上がった．この委員会は，市内で「公園（public park)」や「公共遊歩道（public walk)」として開放すべき場所の調査を行った．リージェント・パークもその1つに含まれており，1841年に一部が一般開放された（Chadwick 1966）．当時のリージェント・パークは荒廃した狩猟地であった．公園として再整備するにあたっては，公園に隣接した眺めのよい邸宅地として敷地の一部を開発し，その利益を公園整備の費用にあてる手法が用いられた（石川 2001）．

リージェント・パークをはじめ，王室の庭園や狩猟地が開放されてできた公園の多くが，バッキンガム宮殿のあるロンドンの西側に位置している．このあたりは富裕層が暮らす地域で，現在でも高級住宅地が広がっている．そのため，必然的に利用者は裕福な層に偏っていた．そこで，ロンドンの東側やテムズ川の南岸など，労働者階級が暮らす地域においても大規模な公園をつくろうという世論が高まっていった．こうした議論の中で生まれたのが，東側のヴィクトリア・パーク（Victoria Park）や，テムズ川南岸のバターシー・パーク（Battersea Park）で，それぞれ1845年と1858年に開園した．これらは，新しく自治体が土地を買収し，整備した公園である．自治体が公園の用地を取得し，整備，管理するという現代に続く都市公園の基本的なありかたがこの時代にうまれた（石川 2001）．

また，当時のイギリスに特徴的なこととして，王室や自治体だけでなく，社会改良家の手によっても市民の健康ためのオープンスペースが生み出された．その一例に，ナショナル・トラストの創始者の一人として有名なオクタヴィア・ヒル（Octavia Hill）が手がけたものがある．社会改良家とは，産業革命によって新しい技術や製品が生まれる一方，単に安い労働力として劣悪な環境下でこき使われていた低賃金労働者のおかれた状況を改良すべく，社会的な活動を行った人々のことをさす．中でもヒルは，工場の粉塵にまみれ，不衛生な生活環境の中で働く貧しい労働者階級の人々には，新鮮な空気を吸い，太陽の光を浴び，自然の美しさにふれ，健康を取り戻すことのできる場が必要だと考え，一連のオープンスペース運動を展開した（中島 2005）．

ヒルがまず取り組んだのは，低賃金労働者の住宅改良事業の一環として，住宅と近接した場所に労働者たちが自由に出入りできる屋外の居間としての庭をつくることであった（中島 2005）．現在でいうコミュニティ・ガーデンだ．

図5.4　レッド・クロス・ガーデン.
オクタヴィア・ヒルによって19世紀中ごろにつくられた低所得な労働者のための共同の庭. 現在はバンクサイド・オープンスペース・トラストが管理するコミュニティ・ガーデンになっている.
著者撮影.

1886年にサザーク地区（Southwark）の集合住宅に開設したレッド・クロス・ガーデン（Red Cross Garden）はその一例であり，ヒルの旗印的なプロジェクトであるといわれている（図5.4）. ヒルが，サザーク地区で任された土地は，半分が火事で焼けた製紙工場の跡地で，不快な匂いが漂い，ごみが散乱する場所であった（Maurice 2010）. ヒルは残った紙を燃やして灰をつくり庭にまき，焼けた倉庫を解体して光の入る庭をつくった. 道路境界の壁も取り払い，光や風が通り，外を歩く人からも中が見え，入ってこられるようにした. また，単に庭をつくるだけでなく，住民が庭の手入れに参加することで，自然の大切さを学ぶとともに，生活習慣の改善に役立たせるようにした. この地はいったん荒廃するが，その後バンクサイド・オープンスペース・トラストというテムズ川南岸のエリアで活動するトラスト団体によって2005年に再生され，サザーク地区のコミュニティが集う場として息吹を取り戻している.

また，ヒルは使われていない都市部の埋葬地に着目し，公園化する運動にも尽力した（中島 2005）. 当時，人口増加によってもともと都市部にあった墓地がいっぱいとなり，新たに郊外に共同墓地が建設されていた. ヒルが着目したのは，都市部に残された利用が停止された埋葬地である. ヒルは，ロンドン市内の7か所の埋葬地の公開に関わった. 『ハリー・ポッター』で有名なキングスクロス駅に隣接する旧セント・パンクラス・ガーデン（St. Pancras Gardens）もその1つだ. ヒルの運動を契機として，ロンドンでは数多くの埋葬地が公園化されていく.

さらに，ヒルは「コモンズ（commons）」の保全に力を注ぐ. コモンズとは日本でいう入会地（いりあいち）のことで，もともとは羊や牛馬の共有の放牧場所として利用されていた．このころのイギリスでは，共有の放牧場所としてのみならず，都市住民によってレクリエーション空間としても利用されるようになっていた．ヒルは，新鮮な大気・光・静寂を求め，休日になると自分が経営する集合住宅に住む労働者をロンドン郊外のコモンズへとたびたび連れ出し，日帰りの小旅行を楽しんだ（中島 2005）．都市の成長に伴いコモンズが乱開発されることへの懸念が高まると，社会改良家たちの手によってコモンズの保存運動が立ち上がった．ヒルもコモンズ保存協会に加わり，運動を展開する．ロンドン北部のハムステッド・ヒース（Hampstead Heath）もヒルが保全に関わり公園化されたコモンズの1つである．その後，ヒルの活動は，ロンドン郊外にとどまらず，湖水地方をはじめとした全国的なコモンズの保全運動，すなわちナショナル・トラスト運動へと発展していく．

特権階級の庭園や狩猟地の開放であれ，自治体による公園の整備であれ，社会改良家たちの取り組みであれ，いずれにも共通しているのは，当時の劣悪な都市の衛生環境を改善し，市民が健康的な生活を送れるようにするために，都市の中にも自然地としての公園が必要だと考えられたことである．公園は，ずっと昔から都市にあるわけではなく，工業化・都市化が進む中で必要に迫られ誕生した新しい都市施設である．

c. 現代社会における公園と健康

公衆衛生のレベルが格段に改善された現代社会においては，必ずしも清涼な空気を吸うために公園に行くわけではなくなった．しかし，2020年に新型コロナウイルス感染症の世界的な大流行が発生し，改めて高密度な都市が感染症に脆弱であることが露呈した．そのような中，学校が休校となったり，テレワークを導入する企業が増えたりしたことで，自宅やその周辺で過ごす時間が増加し，休息，運動，気分転換などのために近所の公園を利用する人が数多くみられた．とくに，図書館など建物内の公共施設や，映画館などの娯楽施設が臨時休業する中，感染リスクが低いとされた公園などの屋外のオープンスペースに人々が集まった．著者らが2020年6月に実施した，東京都民を対象としたオンラインのアンケート調査の結果によると，政府が緊急事態宣言を発令し人々に外出自粛を求めていた期間中，約半数にあたる46%の人が公園緑地（公園のほか緑道や河川敷などの緑地を含む）を利用し，そのうち27%の人は宣言前よりも利用頻度が増加していた（出版準備中）．さらに，テレワークによる在宅勤務の実施者に絞ると，公園緑地を利用した人の割合は50%で，そのうち利用頻度が増加した人の割合は34%であり，全体よりもやや高い傾向にあった．公園緑地の存在が緊急事態宣言下の人々の暮らしを支えていたことがうかがえる．

また，現代では感染症のほかに，非感染性疾患（心臓病，脳卒中，がん，呼吸器疾患，糖尿病など）の患者数の増大が大きな社会問題となっている．非感染性疾患は，不健康な食事や運動不足などの生活習慣に起因することが多い．世界の中でもっとも高齢化率の高い日本では，生活習慣を改善することを通じて，心身ともに健康的に生活できる期間，いわゆる健康寿命をできるだけ延ばすことが人々の大きな関心事となっている．そのような中，健康に暮らせる都市づくりのさまざまな取り組みが始まっている．たとえば，公園とそのほかの施設を緑道でつなぐなどして，身体活動を促す歩行者志向のまちづくりが試みられている．第3章でも述べたが，実際に公園や緑道などの都市の緑は，地域住民の心身の健康（非感染性疾患やうつ病の予防，ストレスの減少など）や社会的充足感（地域コミュニティに対する一体感）にさまざまなポジティブな効果をもたらすことが明らかとなってきている．

産業革命後の社会とは背景が異なるが，都市の公園と都市住民の健康の問題は，現代社会でも深く結び付いている．

図5.5 フレデリック・ロー・オルムステッド（1822～1903）．

(2) 公園からパークシステムへ：都市問題の改善のために

土・水・緑といった自然の要素を用いて都市空間をデザインする職業のことを「ランドスケープ・アーキテクト（landscape architect）」という．ランドスケープという言葉には，風景・景色といった意味がある．庭園など区切られた敷地内のデザインにとどまらず，都市に広がる全体的な風景・景色がデザインの対象だ．アメリカ人技師のフレデリック・ロー・オルムステッド（Frederick Law Olmsted）は，初めて自らをランドスケープ・アーキテクトと名乗った人物である（図5.5）．ここでは，オルムステッドが公園の設計からパークシステム（公園系統；後述）へと活動の幅を広げる中で，どのように当時の都市問題を改善しようと試みたかみていく．

a.　都市の肺としての公園

オルムステッドは，1867年に完成したニューヨークのセントラル・パーク（Central Park）を設計したことで有名である（図5.6）．セントラル・パークは，都市の大気や水を浄化する「ニューヨーク市の肺（The Lungs of New York City）」と呼ばれ，ニューヨーク市民にとってなくてはならない存在である．そのような「都市の肺」としての大規模公園は，ヨーロッパで起こった公園設立の動きに連動してつくられた．オルムステッドは，セントラル・パークの設計にあたる前の1950年と1956年にイギリスを訪れ，当時イギリスに誕生したばかりの公園を見てまわった．とくにイギリス中部の工業都市リヴァプール郊外に1847年に開園したバーケンヘッド・パーク（Birkenhead Park）の設計や整備手法に影響を受け，セントラル・パークの建設事業に取り入れたといわれている（Chadwick 1966）．バーケンヘッド・パークは，市が事前に市街地の拡大を見越して住宅用地と公園用地の双方を取得し，住宅用地の売却費用を使うことで整備された（石川 2001）．マンハッタンのアップタウンにあるセントラル・パークも同様に，建設当時は都心から離れ岩盤がむき出しになった原野

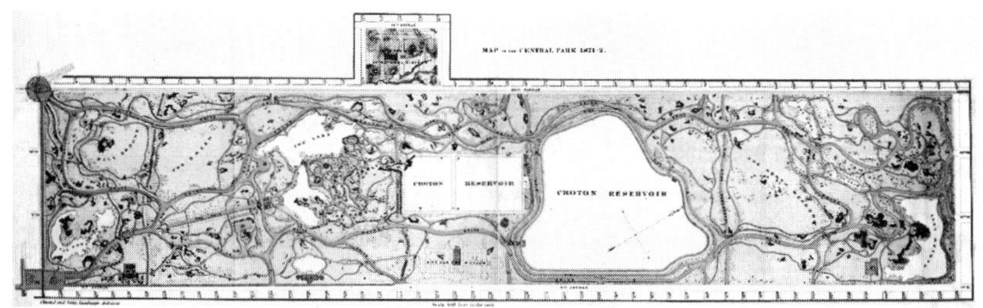

図5.6　1872年のセントラル・パークの平面図．
フレデリック・ロー・オルムステッドとカルバート・ヴォーオの設計によるニューヨークのセントラル・パークの平面図．
National Association for Olmsted Parksより引用．

図5.7　セントラル・パークの風景.
建設中（A）と現在（B）のセントラル・パークの風景．建設中（A）には一部岩盤がむき出しの荒野が広がっている様子が見てとれる．現在（B）は芝生が広がっており，多くの人が思い思いに休息をとっている．岩盤もそのままデザインに活かされ，子供たちの格好の遊び場になっている．
A：The New York Public Library Digital Collections（https://digitalcollections.nypl.org/items/510d47e3-6288-a3d9-e040-e00a18064a99）より引用，B：Pixabay.

の広がる，開発に不向きな土地であった．ニューヨーク市はその後の市街地の拡大を見越し，ここに事前に大規模な公園を整備した（図5.7）．その後市街地は急速にマンハッタンの北側へと拡大し，現在では，セントラル・パークと隣接する地域はマンハッタンの中でももっとも高級な住宅街の1つに変貌している．

先に述べたイギリスにおける公園の誕生の背景と同様，アメリカでも北部を中心に急速に工業化・都市化が進んだこの時代，都市の衛生環境が非常に悪化しており，健康的で文化的な生活のために，公園が必要とされていた．オルムステッドをはじめ当時の計画者や技術者たちは，都市の将来を展望しながら，都市の公衆衛生を改善し，かつ都市の未来の自然的・文化的な遺産となる公園を生み出した．

b.　民主主義の理想としての公園

また，セントラル・パークには，南北戦争を経て奴隷制度を撤廃したアメリカ社会における民主主義の理想を実現する場としての意味合いが込められていた．

ここで少し話がそれるが，もう1つ，オルムステッドがセントラル・パークの設計を行った時代背景を述べておきたい．ランドスケープ・アーキテクトとして有名であるのに比べてあまり知られていないが，オルムステッドは奴隷制度についてのジャーナリストおよび批評家でもあった．当時のアメリカの南部では，アフリカ系アメリカ人の奴隷を労働力としたプランテーションが大規模に経営されていた．一方，北部では産業革命により急速に近代化が進み，新たに台頭した資本家たちは奴隷解放を望んでいた．北部のコネチカット州の裕福な家の生まれのオルムステッドも，奴隷制度に反対であった．1852 年から 1857 年にかけては，南部を旅してまわり，複数の本や新聞などを通じて，南部の奴隷制度の様子を伝えている（Beveridge and McLaughlin 1981）．オルムステッドは，南部への旅から帰ってきた直後の 1857 年にセントラル・パークの設計に技師として加わっている．オルムステッドは，奴隷が生まれつき劣っているのではなく，奴隷解放により自由を手にして，賃金を得て自ら生計を立てることができると信じていた．南北戦争中の 1862 年にリンカーン大統領によって奴隷解放宣言が出されるにあたっては，解放された元奴隷民の教育や生活再建に関する計画にオルムステッドも関わっている（Roper 1965）．

セントラル・パークが開園したのは南北戦争の終焉から 2 年後の 1867 年のことである．オルムステッドは，セントラル・パークについて「もっとも重要な民主的な発展（a democratic development of the highest significance）」と語り，民主主義の理想を実現するシンボルとしてとらえていた（Nicholson 2004）．裕福な人も貧しい人もすべての人が平等にアクセスできる都市の中の自然であり，1 人 1 人が自然の美しさを通じて精神的な豊かさを感じられる場所として，セントラル・パークを位置付けていたのだ．

c.　公園からパークシステムへ

セントラル・パークから設計の仕事を開始したオルムステッドは，1903 年に亡くなるまでの約半世紀の間に，実に数多くの業績を残した．その 1 つは，「パークシステム（park system）」と呼ばれる都市基盤整備の方法を生み出したことにある．パークシステムとは，「緑地（公園，河川，湖沼，樹林地などを含む）と並木のある広幅員（こうふくいん）街路（パークウェイ，ヴールヴァール）のネットワークを都市形成の基盤として導入したもの」（石川 2001）である．すなわち種々の公園・緑地が広幅員街路によってネットワーク化され，1 つのシステムとして機能しているものをさす．日本では「公園系統」と訳され，明治神宮と内外苑連絡道路の設計に取り入れられた（詳細は石川 2001 を参照）．

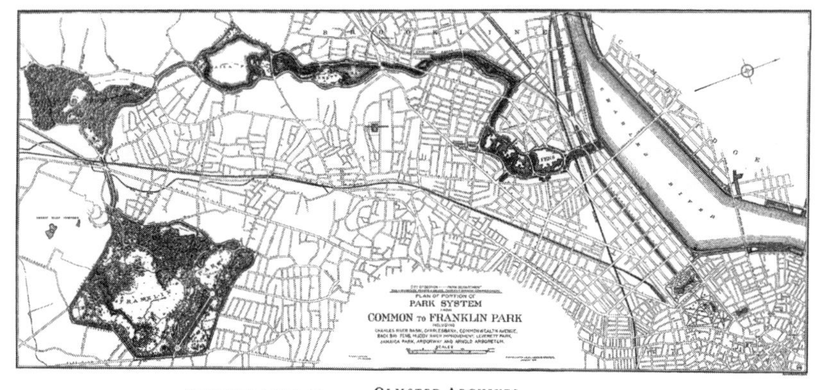

図5.8　1894年のエメラルド・ネックレスの平面図.
フレデリック・ロー・オルムステッドの設計したボストンのエメラルド・ネックレスの平面図. ボストンコモンからフランクリン公園までの緑地のネットワークが表現されている. National Park Service Olmsted Archives より引用.

ボストンのマディー川沿いに1878年から1895年にかけて整備された「エメラルド・ネックレス（The Emerald Necklace）」は，全長約11 km，面積約450 km^{2}の緑地帯で，オルムステッドが設計した代表的なパークシステムである（図5.8）．マディー川は，ボストン港に流れ込むチャールズ川の支流の1つで，チャールズ川が海に出る少し前に合流する．当時，マディー川がチャールズ川に合流する地点はバックベイと呼ばれる湿地帯であった．マディー川の河口部には製粉場のためのミルダムと呼ばれる堰（せき）が設けられていた．しかし，工場所有者が堰の水門を閉鎖したことで，湿地帯に下水やごみが溜まるようになり，水質が悪化し，悪臭を放つとともに，マラリア蚊の繁殖地になるなど，悲惨な状態であった．また，大雨が降るとミルダムによってせき止められた汚水が逆流し，内陸部でたびたび溢水（いっすい）が発生していた．

オルムステッドは，エメラルド・ネックレスを設計するにあたって，それらの都市問題の解決のためにマディー川沿いに複数の人工的な遊水池（ゆうすいち）を設ける河川改修を行い，排水機能と水質の改善をはかった（Spirn 1984）．同時に，遊水池の周辺に散策路や樹木園などを配する公園として修景（しゅうけい）事業を行い，人々が休息をとり，憩うことのできる空間に変貌させた．現代でこそ，河川改修と修景事業を一体化させる取り組みが日本でもみられるようになってきているが，今から約150年も前につくられたエメラルド・ネックレスは，計画の初期からそれを企図していた先駆的事例である．

また，単に1つずつ公園を整備するのでなく，相互に連結された1つのシステムとして公園群を設計し，都市の中に自然の骨格をつくり出したことも注目に値する．生態的に価値のある緑地同士をネットワーク化させることを今日では生態系ネットワーク（ecological network）と呼び，都市計画の一般的な手法となっている．オルムステッドのパークシステムは，その先駆けといえよう．オルムステッドは，当時自分の設計案のことを「グリーン・リボン」と名付けたが，その後，いつからか人々に「エメラルド・ネックレス」と呼ばれるようになった．そこには，光り輝く宝石のように素晴らしい自然が，都市の中でネックレスのように連なっている様子が表現されている．ボストン市民がオルムステッドのつくった「エメラルド・ネックレス」にいかに愛着と誇りを感じているかを表しているように感じられる．

さらに，セントラル・パークと同様，エメラルド・ネックレスが計画された場所は，中心部から離れた人の住まない地域であった．その後，公園群の整備と合わせて市街地は徐々に拡大し，現在ではボストン中心部と郊外住宅地のブルックラインをつなぐ重要な自然の骨格となっている．オルムステッドや彼と一緒に計画を進めたボストン公園理事は，当時喫緊の課題であったマディー川の排水機能と水質の改善という命題に答えるだけでなく，ボストン都市圏の拡大を見越し，将来そこに暮らす人々の健康と福祉のために，エメラルド・ネックレスを整備した（Spirn 1984）．著者は1980年代，まだ小学校にあがる前の子供だった頃，ブルックラインに2年ほど住んだことがある．当時，オルムステッドがつくった公園郡だと知る由もなかったが，週末に家族とたびたびエメラルド・ネックレスのいくつかの公園を訪れ，都会とは思えない自然的な風景の中でピクニックをしたり，リスを追いかけて走りまわったりして遊んだ．オルムステッドが意図した通り，100年を超えるときを経て，現代を生きる私たちの暮らしを支えてくれている．

(3) エコロジカル・プランニング：開発と保全の両立のために

ニューヨークにセントラル・パークが完成してから約100年後の1962年，レイチェル・カーソン（Rachel L. Carson）の『沈黙の春（Silent Spring）』が出版された．彼女は，その中で「生態系の破壊は人間の生存基盤を破壊する」と述べ，人類の環境の破壊的行為が人間や動物に致命的な健康被害をもたらしていることに警鐘を鳴らした．その後，世界中で公害問題や自然保護への関心が高まっていく．

a. エコロジカル・プランニング

そのような中，1969年に1冊の本『デザイン・ウィズ・ネイチャー』がアメリカで出版された．著者は，スコットランド出身のイアン・マクハーグ（Ian McHarg）である．マクハーグは，著書の中で，人間活動を含む広義の生態系を客観的・体系的に分析し，それを開発計画に反映させるための方法「エコロジカル・プランニング（ecologocal planning）」を提示した（図5.9）．

そのプロセスは次のようなものである．まず，土壌・地形・水系・植生といった自然的要素や，人口分布や歴史・資源といった社会的要素をそれぞれ地図で示す．次に，地図同士を重ね合わせ，開発に適した土地はどこか，保護すべき土地はどこかなど，土地の適正評価を行う．そして，評価に基づき複数の計画案を作成し，環境面や経済面への影響予測を行い，案を比較しながら計画の意思決定を行う．

地図を重ね合わせる方法はオーバーレイ（overlay）と呼ばれ，先に述べたオルムステッドの弟子のウォーレン・マニングが1923年にオーバーレイの手法を用いて作成したアメリカの国土計画を発表していた（Steinitz 2012）．マクハーグの突出した点は，そのオーバーレイの手法を発展させ，選択肢としての複数の代替的な計画案をつくり，相互に環境への影響を比較することで，影響を回避もしくは最小化しながら，経済的にも成立する開発の計画を立てられるようにしたことにある（スタイニッツ 2002）．

エコロジカル・プランニングの一連のプロセスにおいては，さまざまな地図を作成する地理学や水文学などの科学者，地図を用いて計画づくりを行うデザイナーや技術者，計画に基づき人口動態や不動産の予測を行う経済学者など，種々の専門性を統合化しながら，計画がつくられる．さらに，意思決定の段階

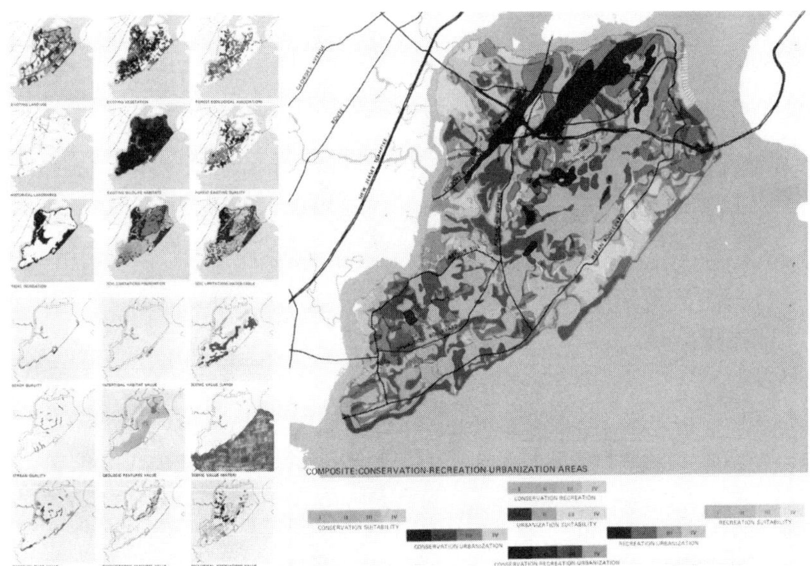

図 5.9　エコロジカル・プランニングの図面.
エコロジカル・プランニングによってつくられた地図の例. 左側はさまざまな環境要素を個別に示したもので, 右側の大きな地図はそれらの地図をレイヤー状に重ね合わせ, 土地の適性を評価したもの.
McHarg（1969）より引用.

では, 行政担当者や地権者などの多様なステークホルダー（利害関係者）が参加する. マクハーグの提示したエコロジカル・プランニングは, 手順が明確であり, かつ地図によって視覚的にわかりやすく表現されている. そのため, 専門家だけでなく, 多様なバックグラウンドの人々が集い, それぞれが計画づくりに参加することが可能であった. 現代でいうところの学際的なアプローチである.

例を 1 つ挙げよう. 1963 年にマクハーグが同僚のデイビッド・ウォレス（David Wallace）とともに行ったアメリカ東海岸のボルチモアにおける「バレー地域計画」である. マクハーグたちは地域計画評議会からの依頼を受け, 拡大するボルチモア都市圏郊外の谷戸(やと)地域において住宅地の開発計画を立案した. 自然的・社会的な要素の分析の後, 複数の異なる開発パターンが立案され, 環境や経済に対する影響を考慮しながら, 最善の開発のありかたが議論された（図

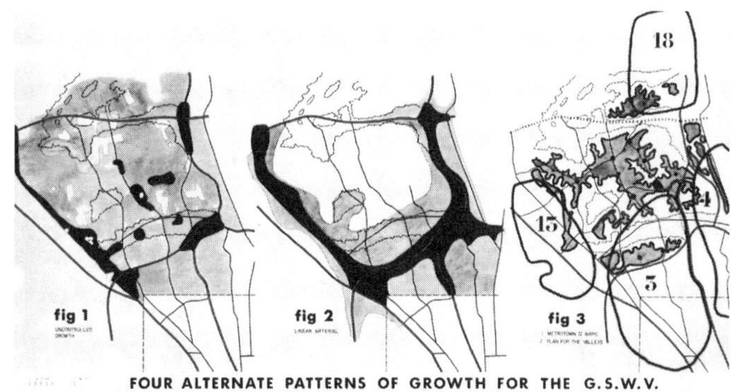

図5.10　マクハーグの「バレー地域計画」のコンセプト図.
バレー地域の開発の方針について３つの異なる考えかたを示している.
左は無秩序に開発され地域すべてが開発された場合, 中央は道路沿いに開発を集中させた場合, 右は谷戸と急斜面地を保全し, 台地上で開発をした場合をそれぞれ表している.
Plan for the Valleys 1964 より引用.

5.10). 結果として, 行政や土地の所有者たちは災害の危険性のある急傾斜地や谷戸低地での開発案を退け, 自然を保護しながら住宅地の開発計画を実行した. この計画は, 約50年後の2010年に米国都市計画家協会から, 都市計画史上長期にわたって広範囲に影響力をもつ計画として「全国都市計画ランドマーク賞」を受賞している.

マクハーグが活躍した当時,「生態系は人間生存の基盤である」というカーソンの示した考えかたは存在したが, 生態学はまだ初期の段階にあり, 第3章と第4章で述べたような人間が生態系から得る便益（自然の恵み）についてはいまだ現代のようには整理されていなかった. しかし, マクハーグはそれに通じる考えをすでにもっており, 自然が人間にさまざまな「恵み」を与えるとともに, ときに「災い」をもたらすことを熟知していた. そして, 地質学や水文学などの科学的な知見を活用しながら, 生態系の機能を体系的に分析し, 都市づくりに反映させる方法の基礎を築いた.

b.　エコロジカル・プランニングと公民権運動

ここでマクハーグについても社会問題との関わりを述べておきたい. 公害問題については冒頭で述べたが, もう1つの当時の大きな社会問題として, 公民権運動がある．公民権運動は，1950 年代半ばから 1960 年代にかけてアフリカ系アメリカ人への公民権の適用と人種差別の解消を求めて行われた運動であり，マーティン・ルーサー・キング牧師が先導したことで有名である．当時，約 100 年前に奴隷解放宣言によって解放されていたアフリカ系アメリカ人であるが，依然としてさまざまな差別に苦しんでいた．マクハーグは，公害問題や自然保護への対応と同時に，公民権運動が象徴する人種問題に関心をもっていた．

マクハーグのエコロジカル・プランニングは，それまで暗黙の了解として過密な都市中心部に押し込められていたアフリカ系アメリカ人（いわば，住まう場所について選択肢をもたなかった人々）に，代替案を提示した．彼ら自身に住まう場所についての一定の選択肢を与えることで，公平性を担保しようとしたのである．エコロジカル・プランニングという開かれた民主的な計画プロセスの背景には，こうした時代背景があったと考えられている（Sakamaki et al. 2020）．

c. 地理情報システムへの発展

エコロジカル・プランニングの方法は，のちにコンピューターを用いた地理情報システム（geographic information system：GIS）が登場したことにより世界中に広まった．GIS の開発者のデンジャモンド（J. Dangermond）は，マクハーグの教え子であり，エコロジカル・プランニングの概念と，急速に発展するコンピューター技術とを組み合わせ，システムを開発したと述べている（Dangermond 2010）．GIS は，今の日本の都市計画や環境アセスメントなどの現場でも必要不可欠なツールとして定着している．また，災害時には地域ごとに被災状況や被災者数情報などが迅速に地図化され，われわれがそれらをニュースで目にする機会も増えてきている．そのような地図の多くも，GIS の技術を使ってつくられている．さらに，2022 年からは「地理総合」の授業が高校で必修化され，GIS の授業も予定されているという．このように社会の中に普及し始めている GIS が生まれた背景に，エコロジカル・プランニングを発案したマクハーグの功績があることは注目に値する．

(4) グリーン・インフラストラクチャー：自然の恵みを賢く活用する都市づくりの潮流

本節の最後に，現代の話としてグリーン・インフラストラクチャー（以下，グリーンインフラ）の話をしておきたい．グリーンインフラについては，さまざまな国・地域において定義がなされている（詳しくは，グリーンインフラ研究会 2017）．それぞれの国・地域によって力点を置くポイントがやや異なるが，いずれにも共通しているのは，自然の恵みを賢く活用することで，持続可能な社会の形成を目指すという点である．グリーンインフラが適応される対象は，中山間地や自然生態系も含めて広範にわたる．この「人と生態系のダイナミクス」シリーズにおいても，第1巻の『農地・草地の歴史と未来』や第2巻の『森林の歴史と未来』の中でグリーンインフラについて言及している．そして，本巻のテーマである「都市」においても，グリーンインフラが世界的な潮流になっている．

具体的には，アメリカでは1990年代よりおもに雨水管理による洪水対策として，グリーンインフラの理論と実践が発展した．2008年には米国環境保護庁が「グリーンインフラによる雨水管理の行動戦略」を策定し，全国的な展開をみせている．ヨーロッパでも，欧州委員会が「欧州生物多様性戦略2020」を実行に移していくために，「欧州グリーンインフラ戦略—ヨーロッパの自然資本をより豊かにするために」を策定した．日本においても，2015年に策定された「国土形成計画」と「社会資本整備重点計画」の中で，グリーンインフラの取り組みを推進していくことが明示された．また，2019年にはグリーンインフラを社会実装していくことを目的に，官民連携のプラットフォームも誕生している．

しかしグリーンインフラは必ずしも新しいものではない．この節で述べてきた近代都市計画史における3つの事例（公園，パークシステム，エコロジカル・プランニング）は，時代背景も空間スケールもそれぞれ異なるが，いずれの時代においても，公衆衛生や公害などの環境問題の深刻化とともに生まれ，その影響を少しでも緩和・回避するために，都市の中に自然を設ける必要があるとの考えに基づく．これは，まさに現代でいうグリーンインフラの概念，すなわち自然の恵みを賢く活用することで都市問題を改善しようという考えかたに通じるものである．また，紙面の都合上，紹介を省いてしまったが，3つの事例以外にもグリーンインフラに通じる多数の取り組みがこれまでになされている．たとえば，生態学的調査を都市計画に応用したパトリック・ゲデス（Patrick Geddes），都市と田園の双方のよさを統合させた「田園都市（garden city）」の概念を生み出したエベネザー・ハワード（Ebenezer Howard）などは，それぞれに人間が都市生活を営む上での自然の必要性をさまざまな角度から説き，実践し，後世に大きな影響を与えた人物である．

そのような先人たちの功績を基礎としつつ，昨今のグリーンインフラの理論と実践は，現代特有の社会課題を背景にさらに発展している．現代特有の社会課題とは，気候変動という世界共通の課題はもちろんだが，日本の人口減少・少子高齢化，欧米など多民族国家における社会的包摂や貧困問題など，さまざまな地域的な課題もある．ここでは，国内外の事例にふれながら，なぜグリーンインフラが都市づくりで注目されているのか，またグリーンインフラの取り組みを進めて行く上で重要な視点は何か，述べておきたい．

a. 課題解決の手段としての生態系保全

グリーンインフラは，自然の恵み（生態系サービス）に着目しているが，生態系の保全そのものが「目的」ではない．生態系の保全は，経済合理性が重視される今日の都市の社会経済システムの中にあって，それが単体として目的になることは多くない．グリーンインフラは，そのような既存の社会経済システムに挑戦するのではなく，むしろ社会経済システムの中に生態系の保全をよりよく統合させることを目指している（Paulite et al. 2017）．つまり，生態系の保全を「手段」としてとらえ，そこから得られるさまざまな自然の恵みを活用することで，社会の課題を解決することを「目的」としているのである．本書の各章にわたって述べてきたように，都市の生態系は人間主体的である．グリーンインフラの考えかたもまた人間主体的なものだといえる．その意味において，グリーンインフラと類似する概念としてよく参照される，欧州委員会が提示する「自然に基づいた解決策（Nature-based Solutions）」や，国連が気候変動の適応策の1つとして進める「生態系を活用した適応（Ecosystem-based Adaptation）」とも共通している．いずれも，生態系の保全を「目的」ではなく「手段」とすることで生態系に関心のない層からも注目を集め，協働を促していく狙いがある．やや逆説的ではあるが，そうやってほかの分野と対立するのではなく協働することによって，結果として生態系の保全につなげていくことが意図されている．

b. 自然の多機能性による相乗効果の発揮

本書で述べてきたように，都市の生態系はさまざまな「自然の恵み」をもたらしてくれる．大気浄化や洪水調整や暑熱緩和によって生活環境を整えたり，新鮮な食料を供給して暮らしを支えたり，人と自然との関わり合いを通じて，健康・福利へのさまざまな恩恵をもたらしてくれる．また，地震や豪雨などの「自然の災い」から免れるためには，軟弱地盤や氾濫原などリスクの高い地域には人を住まわせないなど，土地の自然の性質を読み解くことが不可欠である．このような自然の多様な側面は，「多機能性」や「多面的機能」と表現される．自然が多機能性を備えているために，グリーンインフラの事業では，さまざまな「相乗効果」が期待できる．

世界でグリーンインフラの考えかたが広まったきっかけの1つに，2012年にニューヨーク州とニュージャージー州を含む13州を襲ったハリケーン・サンディがある．ニューヨークでは，金融・経済の中心地であるマンハッタンも含め，サンディによる大波と高潮が合わさり甚大な被害が生じた．ニューヨーク証券取引所も2日間機能が停止した．サンディによるアメリカ全体での推定被害総額は650億ドル（現在のレートで約7兆円）にのぼり，アメリカ国内で過去最大規模の自然災害となった（Hurricane Sandy Rebuilding Task Force 2013）．ニューヨーク市は，ハリケーン・サンディを機に，気候変動や災害に強い都市づくりに大きく舵を切る．2013年には，「リビルド・バイ・デザイン」という設計競技を開催し，技術者，建築家，都市計画家，ランドスケープ・アーキテクト，生態学者から構成される学際的チームからアイディアを募った．設計競技でファイナリストに選ばれた10の提案の多くは，グリーンインフラ（水に注目してブルーインフラと呼ぶこともある）を活用することがアイディアの根底にある．生態系を回復させ，そこから得られる自然の恵みを活用することで，水害リスクに強い都市をつくる提案だ．また，とくに重要なこととして，水害リスクの高い脆弱な地域は，低所得層が多く暮らす地域でもある．そのため，生態系の回復を通じて，環境・防災教育を実施したり，自然を活かした仕事・雇用を創出したりと，地域社会の再構築を支援する種々のプログラムがあわせて提案された．つまり，自然の「多機能性」を活用して，さまざまな「相乗効果」を引き出す狙いがある．いずれも，水害リスクの低減に従来型のグレーインフラ（コンクリートなどの人工構造物でつくられたインフラ）で対応するだけでは得られない相乗効果である．ニューヨーク州とニュージャージー州の関係する自治体は，この設計競技の複数の提案をふまえ，実際にそれぞれ数十億から数百億の予算を投入し，グリーンインフラを活用しながら災害に強い都市づくりを進めている．

c.　測れる効果・測れない効果

今日の都市の社会経済システムの中で，グリーンインフラに予算をつけて取り組みを進めていく上では，やはり経済合理性が重視される傾向にある．世界的に気候変動への対策が待ったなしの喫緊課題となり，グリーンインフラという言葉も徐々に浸透しつつある．しかし，やはり経済合理性にそぐわなければ，都市においてグリーンインフラが広く普及することは難しい．そのため，さまざまな方法でグリーンインフラの効果を測る調査や研究が進められている．

アメリカでは1990年代頃から雨水管理と洪水対策としてのグリーンインフラの取り組みが進められている．その牽引役となったのは，オレゴン州・ポートランド市だ．グリーンインフラに力を入れる背景には，1800年代につくられた既存の老朽化したグレーインフラの更新費用が増大していたことがある．ポートランド市では，20億ドルを投資して地下に巨大な地下貯留管を整備したが，そのようなグレーインフラには膨大な予算がかかるため，それを回避するための補完的・代替的な手法として，道路際を雨庭化するグリーンストリート（図5.11）などの安価なグリーンインフラを採用した．グリーンインフラの効果についてポートランド市は研究機関と連携してさまざまな角度から調査を行っている．その視点は，雨水の流出を抑えることでどれほど下水道施設の負荷を減らせるかという環境面だけでなく，不動産価値の向上効果や健康維持による医療費削減効果といった社会・経済面も含まれる（ビビック・原田 2017）．先に述べたように，グリーンインフラは多機能性を有するがために，広い範囲に相乗効果をもたらす．これは，単機能なグレーインフラにはない，グリーンインフラの特質である．そのため，現在では，単体での効力は大きいが単機能で高価

図5.11　ポートランド市のグリーンストリートの例．通常道路や駐車場に降った雨は側溝から下水道管に直接流れ込む．グリーンストリートは，道路や駐車場の際に植栽帯を設け，降った雨をそこに集め，雨水流出を防いでいる．植栽帯に入った雨水は蒸発散するか地中へ浸透する．
提供：大沼史佳．

なグレーインフラと，単体での効果は小さいが多機能で安価なグリーンインフラをうまく組み合わせることが，ポートランド市の雨水管理と洪水対策の基本となっている．

また，都市の自然の貨幣価値を算出できるさまざまなツールもつくられている．米国農務省が開発したアプリケーション「i-Tree」はその代表だ（図5.12）．既存のグリーンインフラの貨幣価値を算出することや，新たにグリーンインフラを導入する際の費用対効果を算出することができる．たとえば，アメリカ・ミネソタ州ミネアポリスの街路樹は，炭素の蓄積・固定，雨水の流出抑制，大気汚染物質の除去などの作用により，1ドルあたりの費用に対して，1.59ドルの便益をもたらしているという（平林 2019）．一見大した価値はないと思われていたものもじつは私たちの暮らしを支えている，ということをわかりやすく示す画期的なツールである．意思決定を支えるツールとして，また市民にグリーンインフラの価値を伝えるツールとして，このようなアプリケーションの利用は広がっていくだろう．

一方で，すべての自然の恵みが貨幣価値に換算できるわけではなく，ごく一部しかとらえられていないということも忘れてはならない．そもそも自然が私たちにもたらしてくれる恵みは総合的なものであり，どんなにつきつめて考えても機能ごとに要素分解しきれるものではない．第3章でも研究を紹介した品田博士は著書『ヒトと緑の空間』（2004）の中で，どの時代でも，都市から自然が少なくなくなると人は自然を求めて都市の外側へ行楽に行くように，人間と自然との結びつきは切り離せない一体的なもので，自然は人間の役に立つから大切なのではないということを述べている（品田 2004）．

Estimate tree cover and tree benefits for a given area with a random sampling process that lets you easily classify ground cover types.

Tree Benefit Estimates

Abbr.	Benefit Description	Value (USD)	±SE	Amount	±SE
CO	Carbon Monoxide removed annually	21.46 USD	±15.17	32.30 lb	±22.84
NO2	Nitrogen Dioxide removed annually	38.84 USD	±27.47	178.42 lb	±126.17
O3	Ozone removed annually	1,783.96 USD	±1,261.45	1,378.28 lb	±974.59
PM2.5	Particulate Matter less than 2.5 microns removed annually	3,734.73 USD	±2,640.85	70.41 lb	±49.79
SO2	Sulfur Dioxide removed annually	5.85 USD	±4.14	87.71 lb	±62.02
PM10*	Particulate Matter greater than 2.5 microns and less than 10 microns removed annually	1,221.73 USD	±863.89	391.18 lb	±276.61
CO2seq	Carbon Dioxide squestered annually in trees	6,631.70 USD	±4,689.32	143.09 T	±101.18
CO2stor	Carbon Dioxide stored in trees (Note: this benefit is not an annual rate)	166,546.88 USD	±117,766.43	3,593.46 T	±2,540.96

図5.12　「i-Tree」の活用例.
オンライン上で操作可能な「i-Tree Canopy」を用いた例. 航空写真でエリアを指定し, 樹木・草地・舗装などの条件を指定すると, エリア内の樹木のもつ貨幣価値の概算がすぐにみられる.
「i-Tree」のウェブサイトで操作した画面を抜粋.

本節で述べた近代都市計画史における3つの事例では, 都市に自然が必要とされる背景の根底に, それぞれの時代の社会的弱者の存在があったことを述べた. すなわち, 工場で働く低賃金労働者, 奴隷解放宣言後の解放民, 解放後も人種差別に苦しんだ人々などである. そういった人々も含めてすべての市民が自然との一体的な結びつきを感じることができる場所として, 都市の中の自然には価値があるのだ. しかし, そのことの効果を貨幣価値で測ることはきわめて難しい.

日本におけるグリーンインフラの取り組みでは, 自然の恵みがもたらす環境面の効果や経済的な効果が注目されている. 経済合理性が大きな判断基準となる都市においては, 自然のもつ多機能性を評価し, その効果を測ることがグリーンインフラの政策を進める上での有効な手段となりうるからだ. しかし, それだけでなく, 人間の安全保障や健康・福祉といった社会面に注目し, 人間と自然との一体的な結び付きを含めた自然の総合性を発揮させていく視点が重要であろう. そうすることで初めて, 技術としてのグリーンインフラが, 人々の共感を生み, 文化として社会に根付いていくのではないだろうか.

5.2　都市の自然に関わる主体としくみ

前章で述べてきたように，都市の自然は，さまざまな時代背景の中で都市での暮らしに必要とされ，今日まで残されてきたものであった．しかし，一般に何の規制もなければ，都市の自然は開発の圧力に押され，失われていってしまう．そこで，ここでは，都市の自然に関わる主体に焦点をあてる．とくに，行政・企業・市民の3つの主体がそれぞれがどのような手法で，都市の自然を保全・再生・創出・管理してきたか述べていく．

(1)「行政」による都市計画

行政が行う都市計画のしくみは，大きく2つに分けられる（饗庭 2015）．1つは，行政が税を市民や企業から集め，その税を使って都市施設としての公共空間をつくること．もう1つは，市民や企業が空間をつくる際のルールをあらかじめ設け，秩序ある良好な空間をつくっていくことである．

a.　公共空間の整備・管理

本章の冒頭で述べたように，産業革命を経て，欧米では行政が公園を整備・管理することが定着した．日本においても，明治政府が公園の概念を輸入し，その後各地で公園が誕生していった．これは，1つ目にあげた，税を集めて市民が使う公共の空間をつくることにあてはまる．公園は，規模と目的に応じて，市民が徒歩や自転車でアクセス可能な街区公園や近隣公園，市町村をまたいで広域のレクリエーションの需要に応える広域公園など，種々のタイプが設けられている．お住まいの地域にもきっと大小さまざまな公園があるだろう．小学校の帰り道などに友達と遊んだ小さな公園，休日に友達や家族と出かけて一日過ごすような大きな公園まで，さまざまな公園を訪れた経験があるのではないだろうか．

公園以外にも，都市には道路や河川や上・下水道や学校などさまざまな都市施設が存在する．街路樹が植えられた道路は，都市の緑地同士をつなぐ役割を担いうる．また，河川は都市の中の貴重な水辺空間である．第4章でふれた善福寺川のように，三面コンクリート護岸化された都市河川が多いが，それでも数少ない水鳥のすみかとなっている．一方で，その河川の水質悪化の1つの原因となっているのは合流式下水道である．上水の水源を地下水に頼っている場合は，地下水位に影響を与えて湧水量を左右するため，上水の利用も水質悪化の原因になりうる．

それぞれの都市施設は，都市の現状や将来を見据え，適切な規模と配置が定められてきた．個別の都市施設は，それぞれの個別の目的には対応している．しかし，それらがどのように複合的に作用し合い，都市生態系に影響を及ぼすかについてまでは，これまでほとんど考えが及んでいなかった．先に述べたグリーンインフラの政策を進めていく上では，これまでのように個別の都市施設の部分最適を追求するのではなく，システムの全体最適を見出していく視点が重要となる．そのためには，関係する部局間の連携が不可欠である．

b. ゾーニングによる規制

2つ目の，ルールを設定し，秩序ある良好な空間をつくっていくための代表的な手法にゾーニングがある．本章で述べたエコロジカル・プランニングは，ゾーニングを決める手法の1つである．土地の生態的な特性に合わせて，自然を保護する区域と開発する区域を区分する．日本では1968年の新都市計画法によって，都市において無秩序な市街化を防止し，計画的な市街化をはかるためにゾーニングが導入され，計画的な市街化を促進すべき「市街化区域」と，市街化を抑制すべき「市街化調整区域」に都市を区分した（図5.13）．

市街化区域では，住居系・商業系・工業系などの大枠の土地利用が定められるとともに，建築物の規模や用途が定められている．建物の規模を規定するものの1つに建蔽率（けんぺいりつ）（敷地面性に対する建築面積の割合）がある．建蔽率が変わると，都市の中の自然的な土地利用の割合も変化する．たとえば，建蔽率が80%と40%であれば，建物が建てられない空地の割合がそれぞれ20%と60%となり，3倍の差が出る．空地は駐車場などとして舗装することもあるが，庭を設けることも多い．そのため，建蔽率が低い地域のほうがゆったりとした自然豊かな空間が生まれることになる．また，市街化調整区域では，原則として新しく建物を建てることができないため，現在でも自然が多く残されている．

また，そのほかに，とくに都市の自然に関わるゾーニングも複数定められている．良好な自然的景観を維持するために一定の行為規制をかける「風致（ふうち）地区」，

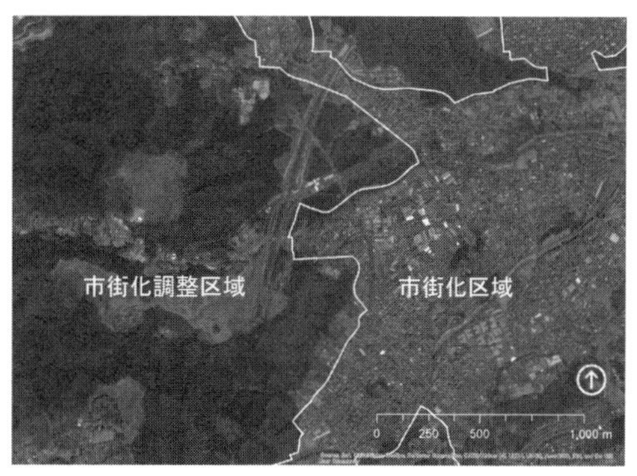

図5.13　市街化区域と市街化調整区域の境界.
白線の右側が市街化区域, 左側が市街化調整区域.
市街化区域には高密な市街地が広がる一方, 市街化調整区域には丘陵の自然が残る.
東京都八王子市小津町付近, ArcGIS を用いて作成.

厳しい規制をかけて凍結的に緑地を保存する「特別緑地保全地区」, 歴史的風土としての古都の緑地を保存するための「歴史的風土特別保存地区」などである（詳細は舟引 2014 を参照）. 今挙げた例はいずれも民有地・公有地を問わず指定される. そのため, 地区内に土地を所有する個人に対しても, 土地活用に制限がかけられている. また, 農地や竹林など生産に関わる土地に指定される「生産緑地地区」もゾーニングの一種だ. 都市のゾーニングで農地に適用される制度があるのは世界でも珍しく, 都市郊外に農地と住宅が混在する市街地が形成される理由となっている.

鎌倉市を例にとってゾーニングをみてみよう. まず大きく市域の 65% を占める市街化区域と残り 35% の市街化調整区域に区分され, 市街化区域はさらに細かな用途地域に分けられている. また, 鎌倉市では都市の自然に関わるゾーニングも複数指定されている（図5.14）. 市域の約 55% は風致地区だ. これは, 鎌倉市街地の背後に連なる丘陵地, 山麓の数々の史蹟名勝, および風光明媚な海浜部の自然環境を維持するために, 昭和 13（1938）年に指定された. 風致地区では, 建物を建てるときに建蔽率が 40% に抑えられているほか, 敷地面積の 20% を緑化することが義務付けられており, 緑が多く残されている. その後, 戦後の人口増加の中, 風致地区だけでは守ることが難しい歴史的に重要な自然を宅地開発から守るため, 昭和 41（1966）年, 古都保存法（正式名称は「古都における歴史的風土の保存に関する特別措置法」）が制定された. 鎌倉では, 古都保存法に基づき, 市域の約 15% が歴史的風土特別保存地区に指定された. その後もあらゆる手立てを使って, 鎌倉三大緑地とよばれる常盤山・

台峯・広町をはじめとした鎌倉の自然を守る努力がなされてきた結果，市域の35% 以上にあたる自然が法律によって守られている（詳細は土屋 2011 を参照）．人口増加・都市拡大の時代に都市の自然を守ることは容易ではなく，行政と市民の双方の努力によるところが大きい．鎌倉を訪れ，寺社を巡りながら自然に抱かれた古都の雰囲気を楽しんだ方も多いだろう．その自然が残された背景には，以上のようなゾーニングを使った都市計画の歴史がある．

人口増加・都市拡大の時代につくられたゾーニングのしくみのほかに，これからの人口減少時代に対応すべく，新たなゾーニングのしくみがつくられている．その 1 つは 2015 年の都市再生特別措置法の改正で制度化された「立地適正化計画」である．これは，人口減少に合わせて都市空間をコンパクトに再編し，行政サービスの効率化をはかるための制度である．具体的には，既存の市街化調整区域の内側に居住地を集約化させる「居住誘導区域」を新たに設け，さらにその内側に都市機能を集約化させる「都市機能誘導区域」を設けるとい

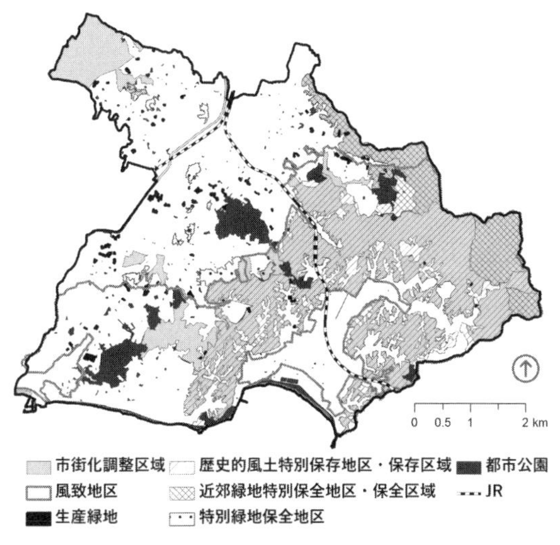

図 5.14　鎌倉市のゾーニング．
市街化調整区域や市街化区域内の用途地域，自然に関わる種々のゾーニングなどを重ねて示したもの．法律によって網目のようにさまざまな土地利用・建物の規制がかかり，都市の自然が保全されている．国土地理院・鎌倉市の GIS データより作成．

うものである．現在，居住誘導区域の外側に住んでいる人が，内側に住み替えることを誘導し，徐々に都市のコンパクト化を実現させていく狙いがある．都市の拡大の時代には，都市の中の自然は常に開発の危機にさらされてきた．それが都市の縮小の時代に入り，今度は自然が都市を侵食するように増えていく可能性がある．これについては，本章の最後に詳しくふれる．

c.　緑の基本計画と広域緑地計画

上述した公園・緑地の配置やネットワーク，およびゾーニングの方針などは，自治体運営の総合的指針として定められる総合計画に基づき，分野別計画の中で定められる．分野別計画は多数あるが，とくに都市の自然に関わる計画としては，基礎自治体が定める「緑の基本計画」がある．国土交通省都市局の都市緑化データベースによると，計画を策定している市区町村は680あり，都市計画区域を有する基礎自治体の約半数を占める．それぞれ，その土地の自然と風土の特性に合わせて，水と緑の保全の方針や戦略が記されている．また，法定計画ではないが，23の都道府県では「広域緑地計画」が策定されている．流域圏など，基礎自治体を超えた広域的な視点から，緑の配置やネットワーク化の指針などが示されている．もしお住まいの地域で「緑の基本計画」や「広域緑地計画」が作成されているようであれば，目を通してみると，行政がどのような方針で都市の自然を保全・創出しようとしているのかがみえてくるだろう．

また，2015年に国が策定した「国土形成計画」と「社会資本整備重点計画」の中で，グリーンインフラの取り組みを推進していくことが明示されたことをふまえ，「緑の基本計画」の中でもグリーンインフラの推進を位置付ける自治体も出てきている．ただし，グリーンインフラの推進を通じて，自然のもつ多機能性を発揮していくためには，他部局との連携が不可欠である．「緑の基本計画」は公園・緑地など都市の中の緑の空間を扱っている．より本質的には，総合計画の中でグリーンインフラを位置付け，交通計画や上下水道計画などほかの分野別計画と連携をとりながら施策を進めていく必要がある．

コラム4　帯広のエゾリス

北海道帯広(おびひろ)市，冬は－20℃を下回る日も珍しくないこの街には，自然の厳しさをものともしない，かわいらしい小動物が住み着いている．エゾリスだ．体長は 25 cm ほど．トレードマークのふさふさの尾っぽを振りながら走りまわる姿を見ると，厳しい冬でも心が温まる．

なぜ帯広では，エゾリスを頻繁に見かけるのだろうか．その理由を緑と都市構造の関係から考えてみたい．帯広市には，市街地の外縁を取り囲む緑の空間が存在する．このグリーンベルトは十勝川と札内(さつない)川の河川緑地，そして大規模都市公園である帯広の森により構成されている．中でも帯広の森は，30 回にも及ぶ植樹祭に延べ約 14.8 万人が参加し，その結果として今日では，緑豊かな帯広を象徴する空間となっている．実際に，日本の平均的な公園面積は約 10 m^2/人であるのに対し，帯広ではおよそ 40 m^2/人にもなる．そして市街地の中心部は，格子＋放射型街路パターンという，少し変わった都市構造を有する．この放射型街路にはランドマークとなるポプラの高木や，市民により利用される菜園など，さまざまな種類の緑が混在している特徴をもつ．こうした街路が公園とネットワーク化されることで，帯広の市街地では緑のつながりを感じられる．

帯広の都市外縁と都市内部の緑は，多くの市民に親しまれる空間となっている．そして意図せぬ効果といえるかもしれないが，都市外縁と内部の緑のネットワークは，エゾリスにとってのすみかと通り道を与えている．たとえば近隣公園では，16 か所中 10 か所以上でエゾリスを観察することができる．また帯広の森では，1 km 歩けば平均 1 匹以上のエゾリスと出会うというデータもある．つまり，都市の広い範囲で暮らすエゾリスが市民の安らぐ空間にたびたび現れるため，自然を観察する意識の薄い市民にとっても身近な存在となることは予想できる．

図　帯広の公園のエゾリス．提供：内田健太．

帯広の公園で散歩中の方に話を聞いてみた．「エゾリスが身近にいるので，自分は自然豊かなところに住めていると実感する」と話す．人口が減り，空き地が増える地方の街において，このような方法でより住まいに満足できるなら悪くないかもしれない．　（文：山崎嵩拓）

(2) 市場と連動した「企業」の取り組み

気候変動や生物多様性の劣化などの問題が深刻化する中，自然資本を長期的な企業経営の基盤であるととらえ，持続可能な方法で自然資源を利用しようという動きが急速に広まっている．とくに，1987年の「ブルントラント報告」で「持続可能な開発」の概念が広まって以降，地球規模の環境問題に対する企業の社会的責任の議論が活発化していった．そして，2015年の国連持続可能な開発サミットでは「持続可能な開発目標（Sustainable Development Goals：SDGs)」が採択され，さらにその機運が高まっている．今や，企業の生き残りのために，経営戦略として環境問題に取り組むことは必須であるといわれる．都市の生態系や生物多様性に関しても例外ではなく，企業経営の一環としてとらえられるようになり，市場と連動した新たな取り組みが生まれている．ここでは，企業による都市部での緑の創出とそれを促す認証制度，および認証制度を使った中長期的な投資の呼び込みについて概観する．また，日本ではまだ制度化されていないが，企業活動と関連した生物多様性保全の方法の1つである生物多様性オフセットについてもふれる．

a. 企業が生み出す都市の自然

日本では，区画整理事業などで一定規模以上の開発を行う際，事業者にはエリア内に公園用地を拠出することを義務付ける制度がある．また，事業者がエリア内に公園や空地を設けるなどいわゆる公共貢献をする代わりに，その地域にかけられている都市計画のルールを緩め，高容積の建物を建てられるようにする都市開発の諸制度も存在する．さらに，第4章でも述べたように，東京都や京都府や兵庫県などでは，一定規模以上の開発に際して屋上緑化や壁面緑化を義務化している自治体もある．そのように，行政は自ら公園を整備するだけでなく，民間による開発事業にあわせて，都市の中に公園やさまざまな緑地を生み出してきた．

これまでは，そのようにしてつくられた公園や緑地の中には，整備費や管理費をできるだけ抑えるために，単調な植栽しか植えられていなかったり，周囲の自然とのつながりが考えられていなかったりと，必ずしも「質」が高いとはいえないものも多かった．ところが昨今では，企業の社会的責任の一環として，よりよい「質」の公園や緑地を生み出し，都市環境や地球環境の改善に資する開発をしようという機運が高まっている．さらに，単一の開発として考えるのではなく，複数の開発を総合的に捉え，エリア全体の価値を高めるような動きもみられる．

その先駆的な事例の1つに，東京都千代田区の大手町・丸の内・有楽町地区（通称，大丸有(だいまるゆう)地区）の取り組みがある．大丸有地区内の事業体は，JR東日本と千代田区と東京都と合同でまちづくり懇談会を設置し，協力してまちづくりを進めており，活動の一環として，「まちづくりガイドライン」を作成し，共通して取り組む8つの目標を示している．その1つが「環境と共生するまち」で，ヒートアイランド対策，水と緑のネットワークの形成，生物多様性保全の推進などの面での目標や取り組みの方向性がまとめられている．また，ガイドラインを補完するものとして，細かな設計・管理の指針を記した「緑環境デザインマニュアル」もある．隣接する皇居の緑とのつながりを形成し，生き物をまちに呼び込むことや，できるだけ隣接街区同士で連続したまとまりある緑をつくっていくことなどが示されている．

実際につくられた空間をみてみよう．2014年に竣工した「大手町の森」では，「都市を再生しながら自然を再生する」というコンセプトのもと，武蔵野の雑木林を再現した3600 m^{2}の森が新たにつくられた（図5.15）．ヒートアイランドの緩和や水循環利用の促進などとあわせて，皇居などの周辺緑地とつながる生態系ネットワークの拠点形成が目標に掲げられている．設計施工にあたっては，樹木の粗密や混交のバランスなどを入念に検討した後，千葉にある圃場(ほじょう)で3年かけて樹木を育成し，その森をそのまま大手町に移設する方法がとられた．竣工時の植栽は，木本40種，草本69種，合計109種と非常に多様である．その中にはカタクリやニリンソウなど雑木林の林床で育つ春植物も含まれる．その後，さらに埋土(まいど)種子などの発芽によって新規出現種も197種みられるという（北脇ほか 2015）．また，メジロやカワラヒワやハクセキレイなどの鳥類も飛来するそうだ（内池ほか 2014）．実際にこの地に行ってみると，都心の真ん中とは思えないほど多様な植物に囲まれた，静かな空間が広がっている．駅から直結した地下の出口から外を見上げると，圧倒されるほどの緑の量だ．このようなまとまった緑も，先に述べた都市開発の諸制度の1つである都市再生特別特区制度によって，容積率を緩和してもらうことの引き換えに，企業が所有する敷地内に誰でもがアクセス可能な公共的な緑地を設けたものだ．都市における質の高い緑地の創出と企業の利益とを両立させた，1つの好例であるといえよう．

図 5.15 大手町の森（口絵7参照）．
2014年に竣工した大手町タワーの足元につくられた「大手町の森」．都心のオフィス街に本物の森を再現することをコンセプトに，武蔵野の雑木林の植生を参考にしてつくられた．著者撮影．

b. 緑地の質を評価する認証制度

「大手町の森」のような企業による質の高い緑の創出を促すしくみとして，数々の認証制度が存在する．海外では，1998年にアメリカでつくられた「LEED（Leadership in Energy and Environmental Design）」が有名である．日本でも国土交通省の支援のもと産官学共同プロジェクトによって2001年に「CASBEE（建築環境総合性能評価システム）」が開発された．その後改訂を重ねながら，現在では建築物，不動産，街区，都市など種々のスケールから環境性能を評価できるツールがつくられている．

また，とくに緑地の質を評価する認証制度がある．都市緑化機構の「SEGES（社会・環境貢献緑地評価システム）」，いきもの共生事業推進協議会の「ABINC（いきもの共生事業所®認証）」，日本生態系協会の「JHEP（ハビタット評価認証制度）」などである（図 5.16）．それぞれ評価ポイントの力点の置きかたに違いがあるが，いずれも緑の量だけでなく，生物多様性など緑の質を評価する内容となっている（北脇ほか 2015）．とくに，SEGESとABINCは，生態系や生物多様性についての環境教育の実施など，普及・啓発活動も評価対象となっている．第3章で述べた「経験の消失」のスパイラルを防ぐためには，自然とふれあう「機会」と「意欲」を向上させることが重要である．企業が自ら都市の中にまとまった自然をつくり出し，さらにその場を使って普及・啓発活動を行うことは，企業の重要な社会貢献の1つといえる．

図5.16　緑地の質を評価する認証制度のロゴ．
左から「SEGES（社会・環境貢献緑地評価システム）」，「ABINC（いきもの共生事業所®認証）」，「JHEP（ハビタット評価認証制度）」．「SEGES」は2005年，「JHEP」は2008年，「ABINC」は2011年より運用されている．

c.　認証制度とESG投資

ESG投資が，投資のメインストリームになりつつある．ESGとは，持続可能な社会の形成に不可欠な3要素である，環境（environment），社会（social），ガバナンス（governance）の頭文字をとったものである．ESG投資は，それらの3要素に対して企業がどれほど社会的責任を果たしているかを，意思決定時に考慮に入れる投資手法である．世界持続可能投資連合の報告によると，2016～2018年の2年間で世界全体のESG投資額は34%増え，23兆ドルから31兆ドルに成長した（GSIA 2019）．日本でも，4740億ドルから，2兆1800億ドルに急成長しており，全投資に占めるESG投資の割合も3.4%から18.3%となった．海外では，ESG投資の割合がもっと高く，オーストラリア・ニュージーランドが63.2%，カナダが50.6%，ヨーロッパが48.8%と続く．日本もこれからESG投資の割合がもっと高まっていくだろう．

そのような中，ESG投資を呼び込むために，生態系や生物多様性に配慮した企業経営を行っている指標として先に挙げた認証制度を利用する動きがみられる．たとえば，大手の不動産会社や設計・建設会社では，ESGへの配慮を企業の基本方針として表明するとともに，保有する不動産や建設に関わる不動産で各種の認証を取得した物件数を公開するなど，配慮の実績をアピールしている．また，環境分野への取り組みに特化した債券である「グリーンボンド（Green Bond）」を発行し，各種の認証制度を組み合わせて事業を進める会社も増えている．グリーンボンドは，2008年に世界銀行が初めて発行して以来，現在急速に拡大している市場である．日本でも大手の不動産会社や建設会社が2018年頃から相次いでグリーンボンドを発行している．より積極的に環境への配慮行動をアピールし，投資を引きつける狙いがある．

企業は，社会貢献という枠を超え，長期的な企業経営のために，生態系や生物多様性をはじめとした環境への配慮行動をとるように大きく変化した．市場がそれを加速させている．もはや企業は自然を破壊する存在ではなく，自然をともに守り・育てる存在でなければならない．ESG投資で動く莫大な資金をうまく活用し，都市の自然の質を高めていく知恵が求められている．

d.　生物多様性オフセット

また，企業活動と関連した生物多様性保全の方法に「生物多様性オフセット」がある．国・地域によって，生物多様性オフセットの内容や呼び名に違いはあるが，基本的には，開発事業者が開発による悪影響を回避・最小化させてなお残る生物多様性の損失分について，別の場所の生物多様性を回復することによって補償する行為をさす．温室効果ガスの排出分を植林・森林保護などによって間接的に吸収しようとする「カーボン・オフセット」と似た概念だ．2012年に「ビジネスと生物多様性オフセットプログラム」という国際的イニシアチブによって国際基準がつくられ，欧米を中心に国際的な広がりをみせている．

ドイツの首都ベルリン市における「全市的補償枠組み（Gesamtstädtische Ausgleichskonzeption）」は都市型の生物多様性オフセットの一種である．いまだ人口が増加しているベルリン市では，都市中心部の開発圧力が高く，敷地内で開発の影響を補償することは不可能である．そこで，全市的な観点からみて，開発圧力がさほど高くなく，かつ生態的に重要な場所で，補償を代替的に行うしくみである．一定規模以上の開発の事業者には，開発による不可避な生物多様性への影響について，ベルリン市に対して補償費用を支払うことが義務付けられる．また，ベルリン市は，あらかじめ全市的な生態系ネットワークの観点から，戦略的に生物多様性を回復すべき地域を指定している（図5.17）．ベルリン市に支払われた費用は，そこでの自然再生事業に費やされることになる．そのようなしくみによって，都市の一部の地域では開発によって生物多様性が損なわれることになるが，全市的にみると開発を通じて生態系ネットワークが強化されることになる．

(3)　都市の自然と「市民」活動

日本を含む多くの先進国においては，都市化によって自然が失われ，それとともに「経験の消失」の負のスパイラルが生じていった（第3章参照）．しかし，その過程では，そのスパイラルに歯止めをかける，あるいは正のスパイラルに転換することを目指した，数々の市民活動が全国各地で生まれている．そのことを示す一例として，内閣府のウェブサイト「NPO 法人ポータルサイト」（2019年12月16日閲覧）で全国の NPO 法人の情報をみてみると，「生態系」もしくは「自然」というキーワードを法人名もしくは設立目的に含む NPO 法人が全国

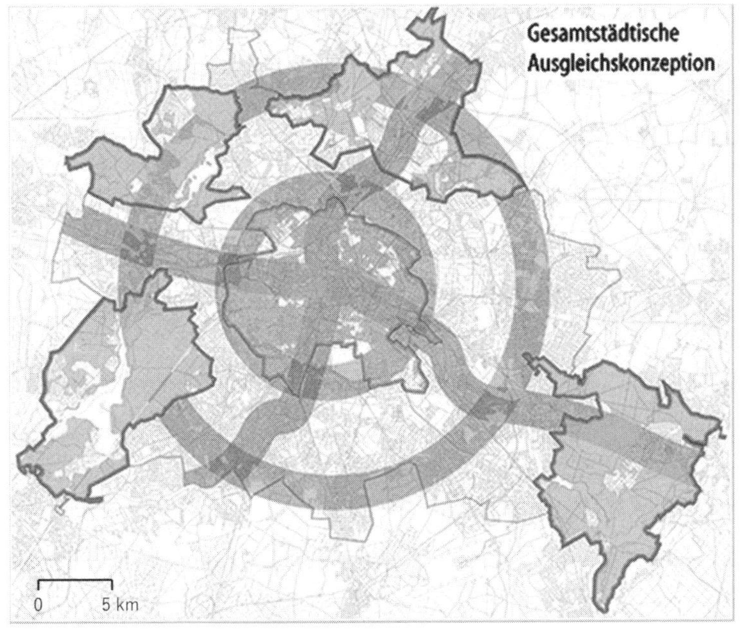

図 5.17　ベルリン市の全市的補償枠組みの概念図．
自然の保全・再生が必要な地域を示しており，開発事業者が補償に適したエリアを見つけるのに役立てられている．市の中心部，市を囲む二重の緑のリング，東西南北の軸，および郊外の４つのレクリエーションエリアが指定されている．ベルリン市の全市的補償枠組みの計画書より引用．

で4599件ある．これは，登録されている全59422法人の約8%にあたる．住所記載があるものは全部で4390件，そのうち市・区に所在地があるものが3781件で86%を占める．周囲に豊かな自然がある農村部よりも，自然が失われた都市部に暮らす住民のほうが，より積極的に自然との関わりの機会を希求していることが示唆される．また，NPO法人化していない任意団体を含めると，その数はずっと多くなるだろう．市民活動はじつに多様である．ここでその全体図をとらえることは難しいが，時代に応じた特色のある市民活動を例に挙げ，「経験の消失」の負のスパイラルを止める市民活動の可能性について述べてみたい．

a. 自然保護・自然再生と市民活動

日本において急速に都市が拡大した1960年代以降の高度経済成長期には，開発の危機にさらされた自然を保護する市民活動が全国各地で数多く立ち上がった．先に述べた鎌倉の古都保存法も，もともとは1963年に鶴岡八幡宮の裏手の山林に宅地造成の計画が持ち上がった際に，市民から反対運動が巻き起こったことに起因する（土屋 2011）．この時に立ち上げられた「鎌倉風致保存会」は，日本版のナショナル・トラスト運動の第一号といわれている．その後も，全国各地で土地区画整理事業による宅地造成が進み，郊外の農地や里山が失われていく中，「開発」か「保護」かという論争が巻き起こっていく．すべての運動が成功したわけではなく，失われたものも多い．それでも，埼玉県の狭山丘陵の「トトロの森」などのように市民運動によって守られた都市近郊の自然も少なくない．また，最近では，2005年に愛知万博が開かれた際，会場となった瀬戸市のオオタカの棲む里山の保全を巡って反対運動が起きた．万博跡地では大規模な宅地造成が行われる予定であったが，市民や自然保護団体による反対運動や国際社会からの批判を受け，万博会場の面積は大幅に縮小され，さらに宅地造成の計画も中止された．

1970年代頃からは，開発から自然を保護あるいは保全するだけでなく，一度は人為的影響により失われた自然を再生する市民活動も誕生していく．ここでは，水辺の例を述べたい．第4章でもふれたように，高度経済成長期は，河川への生活排水の流入や，護岸改修や下水道幹線化の中で，都市の中の水辺環境が急速に消失していった．一方で，その反動として，一度は消失した水辺とそこでの人と自然の関わりを「再生」する取り組みがみられるようになる．1970 年代初頭には，景観，生態系，レクリエーション，心理的存在を含む新しい河川の役割を表す概念として「親水」という言葉が生まれた（土屋 1991）．そして，川の暗渠化に反対する江戸川区民の声を受け誕生した古川親水公園（1974 年開園）を皮切りに，親水公園が全国的に普及する．

また，1990 年代に入ると，生物の生息環境や多様な河川景観を保全・創出する「多自然川型づくり」(後の「多自然川づくり」) が全国的に広まっていく．1997 年の河川法改正では，従来の「治水」・「利水」という河川の機能に，新たに「環境」が加えられ，大きな価値転換が起こった．そのような流れの中，都市部においても，市民と行政が協働しながら水辺の環境再生を図る取り組みが進められるようになる．たとえば，静岡県三島市の源兵衛川（図 5.18A）では，グラウンドワーク三島という非営利団体が中心となり，いったんはドブ川化した農業用排水路をホタルが生息できるまでに再生させた（渡辺 2006）．また，東京都世田谷区の北沢川では，世田谷まちづくりセンターが行政と市民をつなぎ話し合いを重ね，すでに暗渠化され下水道幹線となっていた河川の上部に，下水処理場からの浄化水を導水し，せせらぎを復活させた（坪井 2006）．そのほかに，著者が関わっている善福寺川でも，近くの小学校での子供たちによるごみ拾いや生き物調べなどの環境学習をきっかけに，善福寺公園内の 2 つの池をつなぐ柵で覆われた直線的な水路が，生物多様性に配慮された子供たちが遊べる水辺（遅野井川と命名）として生まれかわった（図 5.18B）．また，それらの個別の活動と並行して，流域単位でさまざまな市民活動をネットワーク化させながら，水辺環境の再生を目指す中間組織も各地で誕生している．

さらに新しい動きとして，東京都三鷹市・武蔵野市にまたがる井の頭恩賜公園において，行政と市民団体の協働で「かいぼり」が実施された．かいぼりとはため池の伝統的な管理方法で，農閑期に池の水を抜き，泥をさらい肥料とし，魚を捕まえる行為のことをいう．井の頭公園では，2004 年の台風で大雨が降った際に地下水位が上昇し，池の湧水が復活した（国分 2005）．それを契機に，池の水質を改善し，生態系の回復を目指す動きが活発化した．そして，2017 年に公園開園 100 周年を迎えるにあたり，行政や市民らの手によって，2014 年より 3 回にわたる「かいぼり」が実施された．その結果，水質が改善し，絶滅

図5.18 水辺の再生事例.
(A) は静岡県三島市の源兵衛川, (B) は東京都杉並区の善福寺公園の遅野井川. ともに市民による自然再生活動を通じて, 身近な水辺の環境が再生された.
著者撮影.

危惧種のイノカシラフラスコモが59年ぶりに復活するなど大きな成果を上げ, 話題となった. かいぼりには, 述べ1260人の市民がボランティアとして参加しており, 活動の大きな推進力となっている (吉野 2018). じつは著者の家族もかいぼりに参加したのだが, ボランティアをするというよりは, 魚を網で捕まえる遊びという感覚で作業を楽しんでいた.

現在, 世界中で都市湿地 (urban wetlands) の価値が見直されている. 絶滅危惧種のイノカシラフラスコモが復活した井の頭恩賜公園でも, 都市湿地としてラムサール条約登録湿地の認定を目指す動きがある. 都市湿地の存在は, 都市の自然再生のシンボルとなるだろう. ただし, かいぼりだけでは問題の解決にはならない. 安定的に湧水が供給されなければ, 水質は再び悪化する. 湧水の復活のためには, 流域内の浸透面の増加により, 雨水を地下に浸透させ, 平常時の地下水位を上げなければならない. また, 地下水を利用している地域では, 利用と保全のバランスを考える必要がある. それには, 市民１人１人の参加と対話が不可欠である. 市民活動の役割は今後ますます大きくなっていくだろう.

b.　自然再生のプロセスを通じた「経験の再生」

鎌倉市の事例のように，都市の自然を保護・保全することは，「経験の消失（extinction of experience）」の負のスパイラルに歯止めをかけるように作用しうる．また，源兵衛川や井の頭池の事例のように，一度消失したり劣化したりした自然を市民の手で再生することは，負のスパイラルを正のスパイラルに転換する作用，すなわち「経験の再生（regeneration of experience）」を促す作用があるのではないだろうか（図5.19）．それは，自然再生のプロセスの中で，まさに本書のテーマである「人と都市生態系のダイナミクス」について，自ら学んで知識を得て，価値認識を変え，行動を起こすという一連の「経験」が伴うからである．「昔の自然の状態はどのようなものであったか？」「いつごろ，なぜ，どのようにして，その自然が失われていったか？」「今，自然はどういう状態にあるか？」といったことを１つ１つ学ぶ中で，ときにかつての人間の行動を省みながら，人と都市生態系のダイナミクスを知っていく．そして，徐々に価値認識が変わっていく中，「都市の自然を再生するためには，どうしたらいいか？」というように環境保全行動につながっていくだろう．また，先に述べた井の頭池のかいぼりの事例のように，自然再生のプロセスの中に遊びの要素を取り入れることも，自然に対する興味をもち，もっと自然と関わろうという意欲の向上につながりうる．

一見自然がほとんどなくなったかのようにみえる高度に人工化された都市であっても，その中には自然のプロセスがある．人間主体的な都市の生態系が紛れもなくそこに存在するのだ．下水が流れ込む三面コンクリート護岸の河川にも，少し目をやれば外来種を含め，アメリカザリガニやオイカワ，ドジョウなど汚染に強い生き物をすぐに見つけることができる．先に述べた善福寺川の事例でも，子供たちが自身でごみ拾いをしたり水辺の生き物調べをしたりする中で，「なぜ，そのような生物相しかいなくなったのか？」を丁寧に学んでいった．また，普段は入ることのできない川に入り，網で小魚を捕まえることは，多くの子供にとって新鮮で楽しい体験でもあったようである．子供たちは夢中になって魚とりに興じ，捕まえた魚やザリガニやヤゴを興奮した様子で互いに見せ合ってはしゃいでいた．そのような学びと遊びを通じて，子供たちはもう一度自分たちが自由に入って遊べる川にしたいと思うようになり，行政に水路の

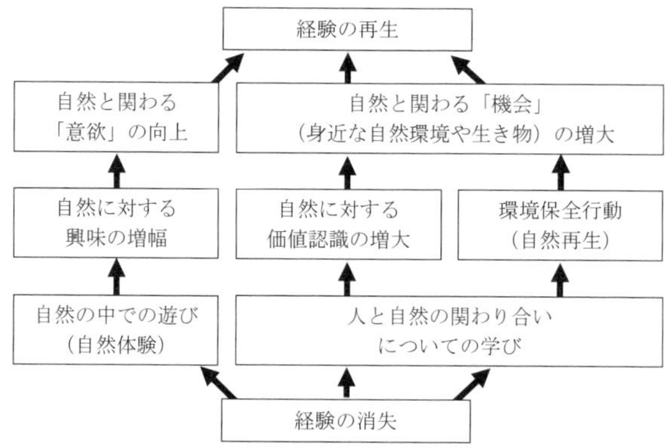

図5.19　経験の消失から経験の再生への移行プロセス．
経験の消失が起きた都市の中でも，自然の中での遊びや過去の人と自然の関わり合いについての学びを通じて，自然に対する興味がわき，環境保全行動につながっていくとともに，自然と関わる「意欲」や「機会」が向上する．それにより経験の再生がはかられる．

再生の要望をもちかけたことが，水路再生のきっかけとなっている．おそらく，子供をもつ親の中には，汚い川に自分の子供が入ることに抵抗感をもった人もいただろう．だが，この自然再生の活動に関わった子供たちは，キャンプなどで自然豊かな場所にいって得られる自然体験とは別の種類の「経験」を得たに違いない．

c．「経験の再生産」の場としての都市のコモンズ

それでは，世代をまたいで伝搬してきた「経験の消失」に歯止めをかけ，逆に世代を超えた「経験の再生」を継承していくために，すなわち「経験の再生産（reproduction of experience）」を進めていくために，何が必要だろうか．もちろん，すでにさまざまな市民活動を通じて数多く取り組まれているように，自然観察会や環境学習を通じて普及啓発を行うことで，人々の自然と関わる「意欲」と「機会」を向上させていくことが重要である．それに加え，都市づくりの視点からは，都市の中にコミュニティによって共同管理されるコモンズ（commons）を増やしていくことが鍵ではないかと考えている．

コモンズとは，コミュニティが共同管理する自然資源の総称で，伝統的には森林，漁場，牧草地などが例に挙げられる．コモンズは，かつて存在した歴史

的なものという印象をもたれることが多い．しかし，世界の都市で再びその概念が見直され，新しい「都市のコモンズ（urban commons）」の価値が活発に議論されるようになってきている．

なかでも，都市の自然に関わるものとして「都市のグリーンコモンズ（urban green commons）」が挙げられる．都市のグリーンコモンズは，コミュニティ・ガーデン，市民農園，共同管理されている公園などのように，土地の所有権にかかわらず，コミュニティによって共同管理された都市の中の自然地のことをさす（図5.20）．そのような土地は，参加者に，生態系に関する多様な学びの機会の提供，生態系に対して責任ある行動（スチュワードシップ）の促進，および共同体内で受け継がれてきた社会生態的な知識の継承に寄与するとされる（Colding and Barthel 2013）．また，都市のグリーンコモンズは，均一に管理されがちな公共の緑地と比較して，生物多様性が高くなる傾向がある．たとえば，スウェーデンのグループが行った都市緑地の管理方法とマルハナバチの個体数の関係についての研究では，公園や墓地といった行政が画一的に管理する緑地よりも，市民がある程度裁量をもって共同管理を行う市民農園のほうが，多様な花を結ぶ植物が生育しており，たくさんのマルハナバチが訪れているという結果が得られている（Andersson et al. 2007；図5.21）．

日本でも，コミュニティ・ガーデンや市民農園のほか，ボランティアによって共同管理されている都市の里山や屋敷林，各種の愛護会によって管理されている公園など，都市のグリーンコモンズの事例は多数存在する．先に述べた河川の自然再生や池のかいぼりの事例も，空間そのものは行政の所有であり，誰でも自由に利用できる公共空間であるが，同時に，市民団体が地域社会から信託をうけ，一定の裁量と責任感をもって直接生態系の管理に関わるという意味で，グリーンコモンズ的な空間であるともいえる．

都市のグリーンコモンズは，まさに先に述べた「経験の再生」をする格好の場所である．もちろん，行政や企業が管理する公園や緑地を利用する中でも多様な自然体験は可能である．しかし，都市のグリーンコモンズにおいて，その場の生態系管理に主体的に関わることによって，ただ公園などを利用するだけでは得られない，より深い経験が得られるだろう．また，共同体内に蓄積された社会生態的な知識は，世代を超えて共同体内で継承されうる．共同管理の参

図5.20　都市のグリーンコモンズの例（東京都）.
都市の中には私有・公有を問わず，自然を共同管理する空間が存在する.（A）は農家が開設する農業体験農園（練馬区南大泉）.（B）はNPOが管理する里山で，土地所有は私有と公有が混在している（町田市奈良ばい谷戸）.（C）は自治体と地域の市民団体が共同管理する公園内の水路（杉並区善福寺公園）.
著者撮影.

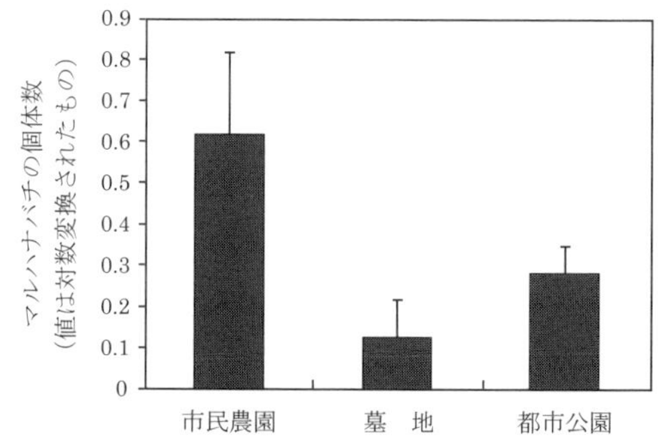

図5.21　スウェーデンにおけるマルハナバチの個体数と緑地の種類の関係.
マルハナバチの個体数は市民農園のほうが墓地や都市公園よりも顕著に多い．これは，行政が画一的に管理する公園や墓地よりも，市民が好きな植物を植えられる市民農園のほうが，多様な花を結ぶ植物が生育しているためである.
Andersson et al.（2007）をもとに作成.

加者が「経験の再生」をし，さらに次世代につなぐ場所，すなわち「経験の再生産」の場所となりうるのだ.

本章の最初に，一部の限られた富裕層のみではなく，誰でも自由にアクセス可能な公の場所としての「公園」誕生の背景を述べた．近代的な都市を象徴する空間としての公園は世界中に広まり，今や公園は，都市の自然を代表する存在となった．一方で，日本をはじめ成熟期に入った都市では，行き過ぎた市場経済からの揺り戻しのように，地域社会に立脚した非市場的・非営利的な活動が増えてきている．そして，そのような活動の舞台の1つとして，生態系の共同管理を前提とする都市のグリーンコモンズがある．おそらく，都市のグリーンコモンズは，これから都市住民が「経験の再生」・「経験の再生産」をしていく上で，鍵となる場所となっていくだろう．

5.3　人と都市の生態系のダイナミクスの未来

将来は常に不確実である．現在まさに進行している人口減少・少子高齢化，AI（人工知能）やIoT（モノのインターネット）などの技術革新，そして気候変動などは，相互に関係し合いながら，都市の形態やそこでの私たちの暮らしを大きく変えるだろう．また，2020年に世界的に大流行した新型コロナウイルス感染症もまた，私たちの暮らしかたに大きな変革をもたらしつつある．そのような変化の中で，都市の生態系もまたダイナミックに変化していく．その全体像を展望することは甚だ難しい．どうしても荒削りかつ断片的になってしまうが，本書の最後に，今後都市と人の暮らしに起こりうる変化と都市の生態系との関わりについてふれたい．

(1)　人口減少と都市の生態系

これまで日本の都市は，一貫して拡大の時代であった．農村や地方から人口が流入し，都市近郊に広がっていた農地や森林を飲み込みながら都市は拡大を続けた．しかし，拡大の時代は終焉を迎え，日本は縮小の時代に入った．現在，都市の中で人が集中して暮らしている市街化区域の中であっても，将来的には約9割の地域で人口が減少すると予測されている（第4章参照）．このような人口変化は，都市の生態系にどのように影響を与えるだろうか．

a.　人口減少に伴う都市空間の再編

現在，人口減少にあわせて都市空間を縮小し，行政サービスの効率化をはかるコンパクトシティ政策が国家的に進められている．また，それとともに，激甚化する気象災害に対する備えとして，災害リスクが高い地域に広がった居住地を移設させる必要性が高まっている．拡大時代につくられた都市空間の再編は今後の縮小時代の大きな命題だ．

しかし，都市空間の再編は，容易には進まず，長い時間がかかることが予想される．人口減少により生じる典型的な都市空間の変化として，空き家や空き地や耕作放棄地などのさまざまな低未利用地の増加が挙げられる．都市のコンパクト化を進める上では，それらの低未利用地が都市の外縁部から発生し，順々に都市を小さくたたんでいくことが理想である．一方，実際には低未利用地が発生する場所や時期を自治体が計画的にコントロールすることは難しく，都市の外縁か中心かを問わず，低未利用地は都市空間のあちこちで集積しつつある．

似たような現象は，政治体制や産業構造の転換によって大幅な人口減少を経験した欧米の都市でも起きている．ベルリンの壁崩壊後の旧東ドイツの都市，ライプツィヒを事例として研究を行ったエンゲルベルト・リュトケ・ダルドルップ博士は，都市の中で時間的・空間的にランダムに低未利用地が発生する都市の状態を「穴の空いた都市（Perforierte Stadt）」と呼んだ（Lütke-Daldrup 2001）．日本では，「都市のスポンジ化」と呼ばれる（饗庭 2015）．（なお，海外において「都市のスポンジ化」を意味する「sponge city」とは，都市で自然地を増やし，雨水の貯留・浸透力を上げることをさす．そのため「都市のスポンジ化」は国内限定の呼び名であることを断っておく．）

b.　都市空間の再編と都市の生態系

都市のスポンジ化は，都市の生態系や生物多様性をどのように変化させうるだろうか．一般的に，低未利用地の増加は，頭の痛い厄介な問題ととらえられている．不法投棄の誘発，防災・防犯機能の低下といった社会的な課題や，公共サービスの非効率化，用地買収や維持管理の費用負担といった経済的な課題など，種々の不利益をもたらすためである．

一方で，人口が減少し，低未利用地が増えることは，都市の高密化による弊害を緩和し，生態的，社会的，経済的にさまざまな便益をもたらす機会ともなりうる（Anderson and Minor 2017；図 5.22）．たとえば，低未利用地が自然的土地利用へ転換されれば，雨水の流出抑制，微気候の緩和，炭素の貯蔵，花粉媒介といった生態的な便益や，環境教育，コミュニティ活動の場，レクリエーションの場の提供といった社会的な便益をもたらしうる．また，低未利用地がコミュニティ・ガーデンや農地として活用される場合は，都市住民に新鮮な食料を提供してくれるし，再生可能エネルギーの生産地などとして活用される場合は，新たな産業の創出に役立つ可能性がある．さらに，低未利用地は都市における野生生物の新たな生息地となり，都市の生物多様性の向上にも寄与しうる．すなわち，低未利用地の増加は，それをうまく活用することができれば，さまざまな自然の恵みを私たちにもたらしてくれる，新しい都市のグリーンインフラとなる可能性がある．ただし，低未利用地の再生に際しては，土地の取得や管理のコストなど，課題も存在する．

増加する低未利用地を再生し，グリーンインフラとして活かしていくためには，粗放的であれ集約的であれ，何かしらの働きかけが必要となる．粗放的な対応としては，徐々に植生遷移を進め森林や湿地など生態的に価値ある空間に戻していくことも考えられるし，集約的な対応としては，食料やエネルギーの生産空間として利用することも考えられる．いずれにせよ，空いた土地を荒れないように管理するといったマイナスをゼロにするための消極的な発想ではなく，マイナスと思われていたものに新たな価値を見出しプラスに転換させていくような，より創造的な発想が求められている．

また，ランダムに発生する低未利用地を徐々に自然的土地利用に転換させることと同時に，中長期的にはより根本的に都市空間を再編していくことも考えていかなければならない．その際の優先事項として，災害リスクが高い地域に広がって住む人々の住み替え支援がある．すなわち，都市の強靭化の視点だ．これに対する抜本的な対策としては，災害が起きた時に必要となる復旧・復興費用の一部を，住み替えなどの事前復興にあてる制度改革が待たれる．現在のように，災害が起こってから被害のあった場所・人に対して講じる事後対応的（reactive）な処置ではなく，事前対応的（proactive）な処置である．とくに，大規模災害が発生した際に，ビジネスに大きな影響が出る保険・金融分野において関心が高く，活発な議論が始まっている．

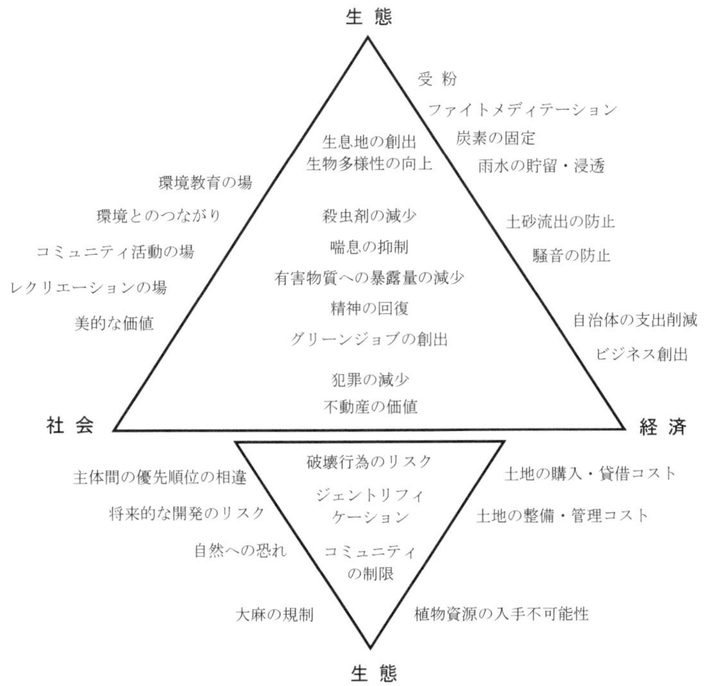

図5.22　低未利用地を再生することの潜在的な可能性と課題.
都市の低未利用地は，生態・社会・経済の多方面にわたるさまざまな潜在的な可能性（上向きの三角）と課題（下向きの三角）が存在する.
Anderson and Minor（2017）をもとに作成.

このような災害への事前対応と都市の生態系は大きく関わっている. それは，そもそも都市において災害リスクの高い地域は，本来生態的に豊かな土地が多いからだ. たとえば水害であれば，河川の氾濫原や沿岸の後背湿地などである. また，土砂災害が起こりやすい急斜面地域も，分断された都市の生態系ネットワークという観点から重要な場所であることが多い. そのため，都市空間の再編は，行政サービスの効率化や災害への事前対応であると同時に，都市の生態系・生物多様性を再生させる機会にもなるのだ.

都市空間の再編のプロセスにおいては，いかにその機会を魅力的に描き，人々の内発的な動機を促していくかが肝心であると思う. 子供は「勉強しなさい！」と強制されてもなかなか勉強の意欲がわかないが，一度「こういう人になりたい！」という夢が見つかれば，夢の実現のために自ずと勉強をするものである．それと同じで，都市のコンパクト化や都市の強靭化という長い時間のかかる命題に対して，力ずくで何とか対処しようとするのではなく，明るく魅力的な将来を描こうとする視点が，今後重要になってくるのではないだろうか．

(2)　ライフスタイル変化と都市の生態系

昨今，AIをはじめとして，IoT，ICT（情報伝達技術）といった情報関連技術の革新が目覚ましく，私たちのライフスタイルを変えつつある．また，2020年に発生した新型コロナウイルス感染症の問題は，その変化を加速させている．都市における人々のライフスタイル変化は，人と自然との関わりかたや都市の生態系をどのように変えていく可能性があるだろうか．

a.　余暇時間の増加と自然の価値

技術革新によってもたらされるライフスタイルの変化の1つに，仕事や家事の効率化による，余暇時間の増加がある．ICTを用いたテレワークにより，私たちは満員の通勤電車に乗ることなく，数十分から数時間の移動時間を削減できるようになった．とくに2020年の新型コロナウイルス感染症の蔓延に伴い，テレワークが急速に進展し，余暇時間の増加を多くの人々が実感した．実際に，著者らが2020年6月に実施したアンケート調査の結果によると，新型コロナウイルス感染症を機に在宅勤務になった人のうち，76％の人が余暇の時間が増えたと回答している．

それに加え，今後はAIやロボットの導入によって単純労働の時間が大幅に削減され，余暇時間が増える可能性があるとされている．イギリスの経済学者ジョン・メイナード・ケインズ（John Maynard Keynes）は「われわれの孫世代のための経済的可能性」という論文の中で，2030年までに週15時間労働になると予測している（Keynes 1930）．現在の日本人の1週間の平均労働時間は45時間程度であるため，ケインズの予測に基づくと，日本人の労働時間は現在の3分の1になることになる．これはだいぶ極端な話ではあるが，実際に情報系の企業の中には週休3日制にするところも出始めている．

こうした移動時間や労働時間の短縮による余暇時間の増加は，自然の中でのレクリエーションの機会を増やす可能性がある．複数日にわたって余暇時間が生まれるようであれば，少し遠くの自然豊かなところまで出かけていって，キャンプなどのアウトドア活動を楽しむこともできる．1日の中で数時間の余暇時間が増える場合は，近くの河辺や緑道をジョギングしたり，公園でピクニックをしたり，あるいは農地やコミュニティ・ガーデンで野菜づくりに汗を流したりすることもできる．とくにテレワークによって在宅勤務の時間が増え，自宅にこもりがちになると，どうしても運動不足となったり，仕事とプライベートの切り替えが難しくなったりするなどデメリットもある．そのため，自然の中で体を動かしたり休息をとったりすることに対するニーズが高まる．

都心部への通勤をしなければならなかった時代には，交通利便性が居住地を選択する上でもっとも重要な要素の1つであったが，中長期的には，その重要性が相対的に下がり，身近に豊かな自然環境があることの価値が上がることも考えられる．実際に，先に挙げたアンケート調査の結果からは，新型コロナウイルス感染症を機に在宅勤務になった人のうち，現地の居住地から住み替えを希望する人が約30%存在した．住み替えを希望する地域を複数回答可として聞いたところ，「自然が豊かな地域」がもっとも多い42%なのに対して，「交通の利便性が高い地域」はもっとも少ない21%であった．人々が住みたいと思う地域の傾向が，すでに変化しつつあることがうかがえる．

また，そもそもAIやロボットに労働を奪われないための能力を一人ひとりが身につけることが重要であるといわれている．AIでは代替できない人間らしい能力として，他者の感情に共感する社会性や，予期せぬできごとへ対応する柔軟性がある．そして，それらの能力を養うにも，やはり余暇の時間が重要だという（Waytz 2019）．AIやロボットでは置き換えられない「人間らしさ」を養う機会としても，都市における身近な自然の価値が高まっていくのではないだろうか．

b.　身近な自然再生と都市の生態系

それでは，身近な自然環境を豊かにしていくためにはどうしたらいいだろうか．先に述べたようにネガティブにとらえられがちな人口減少は，発想を転換し，都市を自然豊かな場所に変えていく契機としてとらえることが可能である．その1つの方法として，今後増加するさまざまな低未利用地を，森林・湿地など生態的に価値ある空間や，食料・エネルギーなどの生産空間へと転換していくことも考えられると述べた．つまり「空き空間」の再生だ．

一方で，情報技術の革新とライフスタイルの変化によって余暇時間を手にした人々は，それぞれに「空き時間」を手にすることになる．空いた時間の使いかたはさまざまであろうが，本業あるいは副業として都市農業に参入したり，余暇として里山やコミュニティ・ガーデンなど都市のグリーンコモンズの管理にあてたりすることもできるだろう．

こうした「空き空間」と「空き時間」が重なり合う地域では，両者が組み合わさることで新たな展開が期待できる．つまり，技術革新などによって生まれる「空き時間」を手にした人たちが，自分たちの地域を長く住み続けられる場所にしていくために，あるいは単に楽しみのために，そういった「空き空間」の再生に関わることが考えられる．

その１つの事例として，著者がまちづくりに関わっている東京都八王子市の小津町の例を述べたい．小津町は，市街化区域と市街化調整区域の境界，すなわち東京都市圏の外縁部に位置しており，東京の中でも人口減少が著しい地域である．市街化調整区域では原則として新しい建物が建てられず，若者が中心部へ流出し，高齢化が進むとともに，空き地や空き家，耕作放棄地（空き畑）や荒廃樹林地（空き山）といった低未利用地が増え，地域が衰退しつつあった．ここは，かつての都市拡大の最前線であったが，現在は都市縮小の最前線であるといえる．そのような小津町では，時間に余裕のある地域内のリタイア世代がさまざまな「空き空間」の再生に乗り出し，そこに，活動に賛同する地域外の人々も加わった．毎週末に集まり，空きや耕作放棄地や荒廃樹林地に徐々に手を入れ，地域の人々が集まるコモンズ空間に変貌させた（図 5.23）．NPO 法人をつくって農業法人の資格も取得し，現在では，再生した農地からの収穫物や間伐した木材などを，都市の中心部から来た人たちにイベントなどで販売している．活動をしている住民に話を聞くと，地域のためという思いと，自分たちの楽しみのためという思いの両方をもっているという．現在はリタイア世代が中心のこのような活動も，技術革新によってより幅広い多くの人が「空き時間」を手にすれば，彼らが新たなプレイヤーとなる可能性もあるだろう．

そのような自然再生の取り組みは，生物多様性の回復や，雨水浸透の促進による水循環の回復など，都市の生態系の質の向上にもつながる．人口減少時代

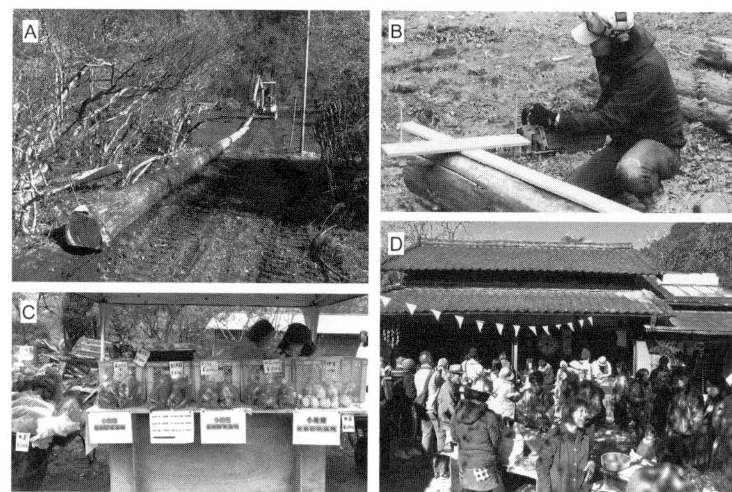

図5.23　八王子市小津町での低未利用地の再生の様子.
NPO法人小津倶楽部が，荒廃樹林地などで間伐作業を行い（A），材としても加工し，ベンチや机など簡単な家具をつくる（B）．NPOは農地所有適格法人となり，野菜や果樹を生産し，自分たちで食べるだけでなく，イベントなどで販売もする（C）．また，年に一度，地域外の人にも声をかけ，食とアートのイベントも開催している.
（A）（B）（D）提供：小津倶楽部，（C）著者撮影.

の日本の都市においては，かつてのような大規模な都市改変は起きにくい．むしろ，低未利用地での自然再生など，広がった個々の市街地における小さな変化の積み重ねが，中長期的に都市の生態系を変えていくだろう．その変化をより望ましいものにしていくためにも，これからの都市づくりには都市生態学の知見が必要とされている.

(3)　むすび

これまでもそうであったように，都市はこれからもダイナミックにその姿を変え続けていく．そして，都市の生態系もまた変容を続けていく.

本書の執筆を終えようとしたころ，新型コロナウイルス感染症の世界的大流行が発生した．経済の効率性を重視してつくられた高密な都市は，災害リスクだけではなく，感染症リスクに対しても脆弱であることが露呈した．世界中の多くの都市で感染症の広がりを抑えるために外出自粛が求められる中，日光を浴び，新鮮な空気を吸い，自由に体を動かすことのできる屋外空間を多くの人が求めた．大規模な災害や感染症の発生は，都市における自然の価値を見つめなおす機会となりうることを改めて思い知らされた．また，大規模な災害や感染症の発生は，中長期的にみても，都市やそこでの人々の暮らし，ひいては都市の生態系が変わる契機となっていくだろう．

都市の生態系はじつに多様な側面をもっている．3名の著者により，できるだけさまざまな側面に焦点をあてられるよう心がけて本書を執筆した．しかしそれでもまだ，本書は都市の生態系のほんの一側面しかとらえられていない．著者の力不足によるところも大きく，ご批判やご意見をお寄せいただけたら幸いである．一方で，都市の生態系の特徴を読み解く研究はまだ比較的新しいこともその一因に挙げられる．これからも都市の生態系についての新しい発見がたくさん生まれることで，われわれにとって最も身近な生態系である都市生態系についての理解が深まっていくだろう．また，ここ数年，生態学の知見を都市計画に本格的に取り入れようとする動きが広がりつつあるが，こうした流れは都市生態学研究を新たなステージに導くだろう．

本書では，序文で述べた「都市の変化によって都市の生態系がどのように変化していくか？」「その中で人と自然との関わりはどう変化していくか？」「生態系の観点からは都市をどう変えていくべきか？」といった疑問に対して，出来る限りの知見をもとに答えることを目指した．しかし，本書もまだその途中経過の一端を記したに過ぎない．今後，これらの疑問に対する解を生態学と都市計画の双方から探っていくことが，新しい都市の未来を切り開いていくに違いない．

参 考 文 献

Akasaka M, Kadoya T, Ishihama F et al. (2017) Smart protected area placement decelerates biodiversity loss : a representation-extinction feedback leads rare species to extinction. Conservation Letters 10 (5) : 539-546.

Andersson E, Barthel S, Ahrne K (2007) Measuring social-ecological dynamics behind the generation of ecosystem services. Ecological Applications 17 (5) : 1267-1278.

Anderson EC, Minor ES (2017) Vacant lots : an underexplored resource for ecological and social benefits in cities. Urban Forestry & Urban Greening 21 : 146-152.

Angilletta MJ, Wilson RS, Niehaus AC et al. (2007) Urban physiology : city ants possess high heat tolerance. PLoS One 2 (2) : e258.

Antonovsky A (1967) Social class, life expectancy and overall mortality. The Milbank Memorial Fund Quarterly 45 (2) : 31-73.

Aram F, García E, Solgi E, et al. (2019) Urban green space cooling effect in cities. Heliyon 5 : e01339.

Beach B, Hanlon WW (2017) Coal smoke and mortality in an early industrial economy. The Economic Journal 128 : 2652-2675.

Beninde J, Veith M, Hochkirch A (2015) Biodiversity in cities needs space : a meta-analysis of factors determining intra-urban biodiversity variation. Ecology Letters 18 (6) : 581-592.

Berman MG, Jonides J, Kaplan S (2008) The cognitive benefits of interacting with nature. Psychological Science 19 (12) : 1207-1212.

Beveridge CE, McLaughlin CC (1981) The papers of Frederick Law Olmsted : slavery and the south, 1852-1857 (Volume 2). Johns Hopkins University Press.

Bratman GN, Hamilton JP, Hahn KS et al. (2015) Nature experience reduces rumination and subgenual prefrontal cortex activation. Proceedings of the National Academy of Sciences 112 (28) : 8567-8572.

Business and Biodiversity Offsets Programme (2012) Biodiversity offset design handbook. https://www.forest-trends.org/wp-content/uploads/imported/biodiversity-offset-design-handbook-pdf.pdf (2019 年 12 月 23 日確認)

Carson R (1962) Silent Spring. Houghton Mifflin.

Censer JT (1986) The papers of Frederick Law Olmsted : defending the union : The Civil War and the U.S. Sanitary Commission, 1861-1863 (Volume 4). Johns Hopkins University Press.

Chadwick GF (1966) The park and the town : public landscape in the 19th and 20th centuries. The Architectural Press.

Colding J, Barthel S (2013) The potential of 'Urban Green Commons' in the resilience building of cities. Ecological Economics 86 : 156-166.

Collado S, Corraliza JA, Staats H et al. (2015) Effect of frequency and mode of contact with nature on children's self-reported ecological behaviors. Journal of Environmental Psychology 41 : 65-73.

Cox DT, Shanahan DF, Hudson HL et al. (2017) Doses of neighborhood nature : the benefits for mental health of living with nature. BioScience 67 (2) : 147-155.

Crawford D, Timperio A, Giles-Corti B et al.（2008）Do features of public open spaces vary according to neighbourhood socio-economic status? Health & Place 14（4）：889-893.

Dadvand P, Tischer C, Estarlich M et al.（2017）Lifelong residential exposure to green space and attention：a population-based prospective study. Environmental Health Perspectives 125（9）：097016.

Dangermond J（2010）Jack Dangermond at TED. https://www.esri.com/videos/（2019年12月23日確認）

Evans KL, Chamberlain DE, Hatchwell BJ et al.（2011）What makes an urban bird? Global Change Biology 17（1）：32-44.

Fahrig L（2003）Effects of habitat fragmentation on biodiversity. Annual Review of Ecology, Evolution, and Systematics 34（1）：487-515.

Fernandez-Juricic E, Jokimäki J（2001）A habitat island approach to conserving birds in urban landscapes：case studies from southern and northern Europe. Biodiversity & Conservation 10（12）：2023-2043.

Francis CD, Barber JR（2013）A framework for understanding noise impacts on wildlife：an urgent conservation priority. Frontiers in Ecology and the Environment 11（6）：305-313.

Frey CB, Osborne MA（2017）The future of employment：How susceptible are jobs to computerisation? Technological Forecasting and Social Change 114（C）：254-280.

Fuller RA, Warren PH, Armsworth PR et al.（2008）Garden bird feeding predicts the structure of urban avian assemblages. Diversity and Distributions 14（1）：131-137.

Gaston KJ, Bennie J, Davies TW et al.（2013）The ecological impacts of nighttime light pollution：a mechanistic appraisal. Biological reviews 88（4）：912-927.

Geffroy B, Samia DS, Bessa E et al.（2015）How nature-based tourism might increase prey vulnerability to predators. Trends in Ecology & Evolution 30（12）：755-765.

Grafius DR, Corstanje R, Siriwardena GM et al.（2017）A bird's eye view：using circuit theory to study urban landscape connectivity for birds. Landscape Ecology 32（9）：1771-1787.

GSIA（2019）2018 Global Sustainable Investment Review. http://www.gsi-alliance.org/wp-content/uploads/2019/03/GSIR_Review2018.3.28.pdf（2019年12月23日確認）

Hanski I, von Hertzen L, Fyhrquist N et al.（2012）Environmental biodiversity, human microbiota, and allergy are interrelated. Proceedings of the National Academy of Sciences 109（21）：8334-8339.

Hartig T, Mitchell R, de Vries S et al.（2014）Nature and health. Annual Review of Public Health 35：207-228.

Hodson CB, Sander HA（2017）Green urban landscapes and school-level academic performance. Landscape and Urban Planning 160：16-27.

Hoggart K, Green D（1991）London：A new metropolitan geography. Hodder Arnold.

Hurricane Sandy Rebuilding Task Force（2013）Hurricane Sandy rebuilding strategy：stronger communities, a resilient region 2015.

Ikin K, Knight E, Lindenmayer DB et al.（2013）The influence of native versus exotic streetscape vegetation on the spatial distribution of birds in suburbs and reserves. Diversity and Distributions 19（3）：294-306.

Ives CD, Lentini PE, Threlfall CG et al.（2016）Cities are hotspots for threatened species. Global Ecology and Biogeography 25（1）：117-126.

Iwachido Y, Uchida K, Ushimaru A et al.（2020）Nature-oriented park use of satoyama ecosystems can enhance biodiversity conservation in urbanized landscapes. Landscape and Ecological Engineering 16：163-172.

Kajihara K, Yamaura Y, Soga M et al.（2016）Urban shade as a cryptic habitat：fern distribution in building gaps in Sapporo, northern Japan. Urban Ecosystems 19（1）：523-534.

Kardan O, Gozdyra P, Misic B et al.（2015）Neighborhood greenspace and health in a large urban center. Scientific Reports 5：11610.

Kasada M, Matsuba M, Miyashita T（2017）Human interest meets biodiversity hotspots：a new systematic approach for urban ecosystem conservation. PLoS one 12（2）：e0172670.

Kataoka T, Tamura N（2005）Effects of habitat fragmentation on the presence of Japanese squirrels, Sciurus lis, in suburban forests. Mammal Study 30（2）：131-137.

Keniger LE, Gaston KJ, Irvine KN et al.（2013）What are the benefits of interacting with nature? International Journal of Environmental Research and Public Health 10（3）：913-935.

Keynes JM（1930）Economic Possibilities for our Grandchildren. http://www.econ.yale.edu/smith/econ116a/keynes1.pdf（2020年1月12日確認）

Knop E, Zoller L, Ryser R et al.（2017）Artificial light at night as a new threat to pollination. Nature 548（7666）：206.

Kowarik I（2011）Novel urban ecosystems, biodiversity, and conservation. Environmental Pollution 159（8-9）：1974-1983.

Kuussaari M, Bommarco R, Heikkinen RK et al.（2009）Extinction debt：a challenge for biodiversity conservation. Trends in Ecology & Evolution 24（10）：564-571.

Leong M, Dunn RR, Trautwein MD（2018）Biodiversity and socioeconomics in the city：a review of the luxury effect. Biology Letters 14（5）：20180082.

Lin BB, Fuller RA（2013）Sharing or sparing? How should we grow the world's cities? Journal of Applied Ecology 50（5）：1161-1168.

Loss SR, Will T, Marra PP（2013）The impact of free-ranging domestic cats on wildlife of the United States. Nature Communications 4：1396.

Luck GW（2007）A review of the relationships between human population density and biodiversity. Biological Reviews 82（4）：607-645.

Luck GW, Smallbone LT（2010）Species diversity and urbanisation：patterns, drivers and implications. In：Gaston KJ（ed）Urban Ecology. Cambridge University Press：88-119.

Lütke-Daldrup E（2001）Die perforierte stadt. Eine Versuchsanordnung, Bauwelt 24（150）：40-45.

Marzluff JM（2001）Worldwide urbanization and its effects on birds. In：Marzluff J, Bowman R, Donnelly R（eds）Avian ecology and conservation in an urbanizing world. Springer：19-47.

Maurice CE（2010）Life of Octavia Hill as told in her letters. Cambridge University Press.

McHarg I（1969）Design with Nature. Natural History Press.

McKinney ML（2002）Urbanization, biodiversity, and conservation：The impacts of urbanization on native species are poorly studied, but educating a highly urbanized human population about these impacts can greatly improve species conservation in all ecosystems. Bioscience 52（10）：883-890.

McKinney ML（2006）Urbanization as a major cause of biotic homogenization. Biological Conservation 127（3）：247-260.

Miller JR（2005）Biodiversity conservation and the extinction of experience. Trends in Ecology & Evolution 20（8）：430-434.

Nicholson CL（2004）Elegance and grass roots：the neglected philosophy of Frederick Law Olmsted. Transactions of the Charles S. Peirce Society 40（2）：335-348.

Nielsen AB, Van Den Bosch M, Maruthaveeran S et al.（2014）Species richness in urban parks and its drivers : a review of empirical evidence. Urban Ecosystems 17 (1) : 305–327.

Oke TR (1995) The heat island of the urban boundary layer : characteristics, causes and effects. In : Cermak JE, Davenport AG, Plate EJ et al. (eds) Wind climate in cities. Springer : 81–107.

Okimura T, Koide D, Mori AS (2016) Differential processes underlying the roadside distributions of native and alien plant assemblages. Biodiversity and Conservation 25 (5) : 995–1009.

Olmsted FL (1865) Yosemite and the Mariposa Grove : a preliminary report, 1865. Yosemite Online Library. https://www.yosemite.ca.us/library/olmsted/report.html (2019年12月23日確認)

Pauleit S, Zölch T, Hansen R et al. (2017) Nature-Based Solutions and Climate Change—Four Shades of Green. In : Kabisch N, Korn H, Stadler J et al. (eds) Nature-based solutions to climate change adaptation in urban areas. Springer open : 29–49.

Pergams OR, Zaradic PA (2006) Is love of nature in the US becoming love of electronic media? 16-year downtrend in national park visits explained by watching movies, playing video games, internet use, and oil prices. Journal of Environmental Management 80 (4) : 387–393.

Pyle RM (1993) The thunder tree : lessons from an urban wildland. Houghton Mifflin.

Rohde RA, Muller RA (2015) Air pollution in China : mapping of concentrations and sources. PLoS One 10 (8) : e0135749.

Roper LW (1965) Frederick Law Olmsted and the Port Royal Experiment. The Journal of Southern History 31 (3) : 272–284.

Roxburgh SH, Shea K, Wilson JB (2004) The intermediate disturbance hypothesis : patch dynamics and mechanisms of species coexistence. Ecology 85 (2) : 359–371.

Sakamaki N, Steiner F, Yokohari M (2020) In preparation.

Shanahan DF, Bush R, Gaston KJ et al. (2016) Health benefits from nature experiences depend on dose. Scientific Reports 6 : 28551.

Soga M, Gaston KJ (2016) Extinction of experience : the loss of human–nature interactions. Frontiers in Ecology and the Environment 14 (2) : 94–101.

Soga M, Gaston KJ, Koyanagi TF et al. (2016) Urban residents' perceptions of neighbourhood nature : Does the extinction of experience matter? Biological Conservation 203 : 143–150.

Soga M, Gaston KJ, Kubo T (2018) Cross-generational decline in childhood experiences of neighborhood flowering plants in Japan. Landscape and Urban Planning 174 : 55–62.

Soga M, Yamaura Y, Aikoh T et al. (2015) Reducing the extinction of experience : association between urban form and recreational use of public greenspace. Landscape and Urban Planning 143 : 69–75.

Soga M, Yamaura Y, Koike S et al. (2014) Land sharing vs. land sparing : does the compact city reconcile urban development and biodiversity conservation? Journal of Applied Ecology 51 (5) : 1378–1386.

Spirn AW (1984) The granite garden : Urban nature and human design. Basic Books.

Steinitz CA (2012) Framework for geodesign : changing geography by design. Esri Press.

Stott I, Soga M, Inger R et al. (2015) Land sparing is crucial for urban ecosystem services. Frontiers in Ecology and the Environment 13 (7) : 387–393.

Tajima K (2007) The marketing of urban human waste in the early Edo/Tokyo Metropolitan Area. Environnement Urbain / Urban Environment 1 : 13–30.

Tsuchiya K, Okuro T, Takeuchi K (2013) The combined effects of conservation policy and co-management alter the understory vegetation of urban woodlands: a case study in the Tama Hills area, Japan. Landscape and Urban Planning 110 : 87–98.

Uchida K, Suzuki K, Shimamoto T et al. (2016) Seasonal variation of flight initiation distance in Eur-

asian red squirrels in urban versus rural habitat. Journal of Zoology 298 (3) : 225-231.
Ulrich R (1984) View through a window may influence recovery. Science 224 (4647) : 224-225.
Ushimaru A, Kobayashi A, Dohzono I (2014) Does urbanization promote floral diversification? Implications from changes in herkogamy with pollinator availability in an urban-rural area. The American Naturalist 184 (2) : 258-267.
van den Berg A, Winsum-Westra M, Vries S et al. (2010) Allotment gardening and health : a comparative survey among allotment gardeners and their neighbors without an allotment. Environmental Health 9 : 74.
van den Berg A, Custers M (2011) Gardening promotes neuroendocrine and affective restoration from stress. Journal of Health Psychology 16 (1) : 3-11.
van Heezik Y, Hight SR (2017) Socio-economic-driven differences in bird-feeding practices exacerbate existing inequities in opportunities to see native birds in cities. Journal of Urban Ecology 3 (1) : jux011.
Walther GR, Post E, Convey P et al. (2002) Ecological responses to recent climate change Nature 416 (6879) : 389-395.
Ward Thompson C, Aspinall P, Montarzino A (2008) The childhood factor : adult visits to green places and the significance of childhood experience. Environment and Behavior 40 : 111-143.
Waytz A (2019) Leisure is our killer APP. MIT Sloan Management Review 60 (4) : 8-10.
Weinstein N, Balmford A, Dehaan C et al. (2015) Seeing community for the trees : The links among contact with natural environments, community cohesion, and crime. BioScience 65 (12) : 1141-1153.
Zhang W, Goodale E, Chen J (2014) How contact with nature affects children's biophilia, biophobia and conservation attitude in China. Biological Conservation 177 : 109-116.
饗庭　伸（2015）都市をたたむ：人口減少時代をデザインする都市計画．花伝社．
飯田晶子，大和広明，林　誠二ほか（2015）神田川上流域における都市緑地の有する雨水浸透機能と内水氾濫抑制効果に関する研究．都市計画論文集 50（3）：501-508．
飯田晶子（2019）縮小する都市から考える「農」ある豊かな暮らし．「縮小する日本社会：危機後の新しい豊かさを求めて」（香坂　玲編）．勉誠出版．
石川幹子（2001）都市と緑地―新しい都市環境の創造に向けて．岩波書店．
板川　暢，一ノ瀬友博，片桐由希子ほか（2012）東京湾沿岸部埋立地における緑被分布とバッタ類の生息分布との関係について．ランドスケープ研究 75（5）：621-624．
井伏鱒二（1982）荻窪風土記．新潮社．
岩本　馨（2019）食から見る近世都市京都．「食がデザインする都市空間」（小野芳朗・岩本　馨編）．昭和堂．
内池智広，屋祢下亮，北脇優子ほか（2014）都心部に創出した樹林における初期の生物相に関する一考察．環境工学 I 2014：865-866．
梅棹忠夫（2009）山をたのしむ．山と溪谷社．
エヌ・ティ・ティ・データ経営研究所（2013）平成 24 年度農林水産省委託調査 農作業と健康についてのエビデンス把握手法等調査報告書．https://www.maff.go.jp/j/study/syoku_vision/kenko/pdf/houkoku.pdf（2019 年 12 月 23 日確認）
遠城明雄（2004）近代都市の屎尿問題：都市－農村関係への一視点．史淵 141：1-28．
近江俊秀（2015）平城京の住宅事情：貴族はどこに住んだのか．吉川弘文館．
岡野泰久，井原智彦，玄地　裕（2008）インターネット調査を用いた夜間のヒートアイランド現象による睡眠障害の影響評価．日本ヒートアイランド学会論文集 3：22-33．
小野健吉（2015）日本庭園の歴史と文化．吉川弘文館．

小野佐和子（2017）六義園の庭暮らし：柳沢信鴻『宴遊日記』の世界．平凡社．
小野雅司（2009）地球温暖化と熱中症．地球環境 14（2）：263-270.
川島博之（2006）窒素循環から持続可能な社会を考える―江戸時代の食料生産と水質―．日本水文科学会誌 36：123-135.
環境省（2007）皇居におけるクールアイランド効果の観測結果について．https://www.env.go.jp/press/8870.html（2019 年 4 月 1 日確認）
環境省，文部科学省，農林水産省ほか（2018）気候変動の観測・予測及び影響評価統合レポート 2018 〜日本の気候変動とその影響〜．
気象庁（2017）地球温暖化予測情報第 9 巻：IPCC の RCP8.5 シナリオを用いた非静力学地域気候モデルによる日本の気候変化予測，p41．https://www.data.jma.go.jp/cpdinfo/GWP/Vol9/pdf/all.pdf（2019 年 4 月 1 日確認）
気象庁（2018）ヒートアイランド監視報告 2017．https://www.data.jma.go.jp/cpdinfo/himr/h30/himr_2017.pdf（2019 年 4 月 1 日確認）
北脇優子，内池智広，屋祢下亮（2015）都心部に創出した樹林における植物の変化に関する一考察．環境工学 I 2015：745-746.
鬼頭　宏（2000）人口から読む日本の歴史．講談社．
工藤　豊，下村彰男，小野良平（2008）戦前期の新聞記事にみる都市住民と街路樹との関わりの変遷に関する研究．ランドスケープ研究 71：769-772.
グリーンインフラ研究会（2017）決定版！ グリーンインフラ．日経 BP.
河野眞知郎（2007）中世都市鎌倉の環境―地形改変と都市化を考える―．人類文化研究のための非文字資料の体系化．年報 4：25-54.
国分邦紀（2005）大雨により復活した台地の湧水・地下水についての水文学的考察．東京都土木技術センター年報：201-208.
斎藤誠治（1984）江戸時代の都市人口．地域開発 240：48-63.
斎藤昌幸，土屋一彬，倉島　治ほか（2018）景観生態学的アプローチにおいて都市化の指標として用いられる人口密度と都市的土地利用の関係とその地域差．応用生態工学 20：205-212.
品田　穣（1974）都市の自然史：人間と自然のかかわり合い．中央公論社．
品田　穣（2004）ヒトと緑の空間―かかわりの原構造．東海大学出版会．
芝　恒男（2012）日本人と刺身．Journal of National Fisheries University 60：157-172.
白幡洋三郎（1995）近代都市公園史の研究―欧化の系譜．思文閣出版．
スタイニッツ C（2002）ランドスケープ・プランニング：創造的な思想の歴史．ランドスケープ研究 65（3）：201-208.
関根雅彦，李　寅鉄，楢崎寿晃ほか（1995）瀬戸内海漁場生態系モデルにおける溶存酸素の取り扱い．環境工学研究論文集 32：301-310.
曽我昌史，今井葉子，土屋一彬（2016）「経験の消失」時代における自然環境保全：人と自然との関係を問い直す．ワイルドライフ・フォーラム，20（2）：24-27.
高橋理喜男（1974）太政官公園の成立とその実態．造園雑誌 38（4）：2-8.
武内和彦，原　祐二（2006）アジア巨大都市における都市農村循環社会の構築．農村計画学会誌，25（3）：201-205.
武内和彦，米瀬泰隆（1996）東京における街路樹の樹種変遷と環境思想．IATSS review 国際交通安全学会誌，22：24-31.
田中恭子（1982）東京都中野区と武蔵野市における旧農家の土地所有と利用の変遷．地理学評論，55（7）：453-471.
土屋志郎（2011）御谷騒動から古都保存法そして三大緑地の保全へ．「里山創生：神奈川・横浜の挑戦」（佐土原聡・小池文人・嘉田良平ほか編）創森社：136-150.

土屋宰貴（2009）わが国の「都市化率」に関する事実整理と考察—地域経済の視点から—．日本銀行ワーキングペーパーシリーズ No.09-J-4.
土屋十圀（1991）親水河川・公園の考え方と位置づけ．水質汚濁研究 14（1）：7-11.
坪井塑太郎（2006）東京都江戸川区における河川・水路機能の変化と親水事業の展開に関する考察 67（1）：61-66.
東京都（1998）東京都水環境保全計画：人と水環境とのかかわりの再構築を目指して，p.220.
東京都（2014）東京都豪雨対策基本方針（改定）．https://www.toshiseibi.metro.tokyo.lg.jp/kiban/gouu_houshin/（2019 年 4 月 1 日確認）
東京都（2020）テレワーク「導入率」緊急調査結果．https://www.bousai.metro.tokyo.lg.jp/_res/projects/default_project/_page_/001/007/864/2020051101.pdf（2020 年 6 月 1 日確認）
東京都公園協会（2014）東京の緑をつくった偉人たち．都市計画研究所.
中島直子（2005）オクタヴィア・ヒルのオープン・スペース運動—その思想と活動．古今書院.
中村晋一郎（2019）都市化以前の河川環境を再現する—水・生物・人のつながりに注目した川づくりへの応用を目指して—．河川基金助成事業報告書.
成田健一，三上岳彦，菅原広史ほか（2004）新宿御苑におけるクールアイランドと冷気のにじみ出し現象．地理学評論 77（6）：403-420.
沼田　真（1987）都市の生態学．岩波書店.
沼田　真（1994）自然保護という思想．岩波書店.
野中勝利（2017）近代の和歌山城址における風致の破壊と保存をめぐる動き．都市計画論文集 52（1）：72-83.
野村圭佑（2016）江戸の自然誌：『武江産物志』を読む．丸善出版.
馬場　基（2010）平城京に暮らす：天平びとの泣き笑い．吉川弘文館.
浜田　崇，三上岳彦（1994）都市内緑地のクールアイランド現象—明治神宮・代々木公園を事例として—．地理学評論 67A-8：518-529.
林　丈二（2004）東京を騒がせた動物たち．大和書房.
半谷高久，落合正宏，柏木祐一ほか（1980）居住システムにおける物質の流れと変化の研究．総合都市研究，10：155-182
飛田範夫（2002）日本庭園の植栽史．京都大学学術出版会.
ビビック S・原田宏美（2017）アメリカにおけるグリーンインフラ導入の現状と課題について．日本緑化工学会誌 42（3）：405-408.
廣瀬允人（2018）中世鎌倉における魚類遺存体の動物考古学的研究．名古屋大学大学院情報科学研究科複雑系科学専攻.
平林　聡（2019）緑の価値の客観的評価と波及効果—欧米諸国における i-Tree の実例を踏まえて—．日本緑化工学会誌 44（3）：460-464.
舟引敏明（2014）都市緑地制度論考．デザインエッグ社.
古橋信孝（1998）平安京の都市生活と郊外．吉川弘文館.
星野高徳（2008）20 世紀前半期東京における屎尿処理の有料化：屎尿処理業者の収益環境の変化を中心に．三田商学研究 51（3）：29-51.
前角達彦，須田真一，角谷　拓ほか（2010）東京区部西縁 3 区におけるチョウ相の変化とその生態的要因．保全生態学研究 15（2）：241-254.
松本　太（2012）都市の高温化が植物季節に及ぼす影響の評価：埼玉県熊谷市を事例として．地球環境 17（1）：51-58.
松本　太（2017）近年におけるサクラの開花と冬季の温暖化．日本生気象学会誌 54（1）：3-11.
松良俊明（1993）「昆虫採集」の教育的意義についての一考察．京都教育大学環境教育研究年報 1：55-65.

丸岡知浩，伊藤久徳（2009）わが国のサクラ（ソメイヨシノ）の開花に対する地球温暖化の影響．農業気象 65（3）：283-296.

三上岳彦，大和広明，安藤晴夫ほか（2005）東京都内における夏期の局地的大雨に関する研究．東京都環境科学研究所年報：33-42.

宮城俊作（2008）歴史的風致をめぐるリテラシーの継承とプロセスの表現．ランドスケープ研究 72：158-161.

吉野愛美（2018）市民協働で取り組む“かいぼり”による井の頭池の自然再生．平成 30 年度スキルアップセミナー関東．http://www.ktr.mlit.go.jp/soshiki/soshiki00000108.html（2019 年 12 月 23 日確認）

横張　真，雨宮　護，寺田　徹（2012）都市を支える「新たな農」．日本不動産学会誌 26（3）：78-84.

渡辺豊博（2006）グラウンドワーク三島の地域再生への取組み．農業土木学会誌 74（2）：109-112.

WWF ジャパン（2019）「環境と向き合うまちづくり」―日本のエコロジカル・フットプリント 2019―．https://www.wwf.or.jp/activities/data/20190726sustinable01.pdf（2019 年 12 月 23 日確認）

用語索引

欧　文

ア　行

カ　行

サ　行

タ　行

ナ　行

ハ　行

マ　行

ヤ　行

ラ　行

生物名索引

ア　行

カ　行

サ　行

タ　行

ナ　行

ハ　行

マ　行

ヤ　行

著者略歴

飯田晶子（いいだ あきこ）

1983年　東京都に生まれる
2012年　東京大学大学院工学系研究科博士課程修了
現　在　東京大学大学院工学系研究科特任講師
　　　　博士（工学）

曽我昌史（そが まさし）

1988年　東京都に生まれる
2015年　北海道大学大学院農学研究院博士課程修了
現　在　東京大学大学院農学生命科学研究科准教授
　　　　博士（農学）

土屋一彬（つちや かずあき）

1984年　秋田県に生まれる
2011年　東京大学大学院農学生命科学研究科博士課程修了
現　在　国立環境研究所社会システム領域主任研究員
　　　　博士（農学）

人と生態系のダイナミクス
3. 都市生態系の歴史と未来　　定価はカバーに表示

2020年10月1日　初版第1刷
2022年9月10日　　　第3刷

著　者　飯　田　晶　子
　　　　曽　我　昌　史
　　　　土　屋　一　彬
発行者　朝　倉　誠　造
発行所　株式会社　朝　倉　書　店
東京都新宿区新小川町 6-29
郵便番号　162-8707
電　話　03(3260)0141
FAX　03(3260)0180
https://www.asakura.co.jp

〈検印省略〉

シナノ印刷・渡辺製本

ISBN 978-4-254-18543-0　C 3340　　Printed in Japan